U0343845

内蒙古东乌珠穆沁旗地区燕山期钼(钨)－铅锌(银)成矿系统

谢玉玲　李腊梅　李应栩　唐燕文　等著

地质出版社

·北　京·

内 容 提 要

本书以迪彦钦阿木钼矿床、沙麦钨矿床、花脑特铅锌（银）－多金属矿床、阿尔哈达铅锌（银）矿床为研究对象，在详细野外地质调研和岩矿相研究基础上，通过岩浆岩岩石学、岩石化学、成岩成矿年代学、矿床学和矿床地球化学研究，揭示了该地区不同矿床类型之间的成因联系。东乌旗地区的斑岩型钼（钨）和热液型铅锌（银）矿床均为中国东部燕山期大规模成矿事件的产物。成矿流体和成矿物质主要来自于岩浆，早期岩浆出溶流体富含 CO_2 和多种成矿金属；熔流体转化、流体沸腾、大气降水的加入或水岩反应分别造成了钨、钼和铅锌（银）的矿质沉淀。从斑岩型钼钨（含云英岩型、伟晶岩型）－浅成低温热液型铅锌（银）构成统一的成矿系统。

图书在版编目（CIP）数据

内蒙古东乌珠穆沁旗地区燕山期钼（钨）－铅锌（银）成矿系统／谢玉玲，李腊梅，李应栩等著. —北京：地质出版社，2015.8

ISBN 978 - 7 - 116 - 09335 - 5

Ⅰ. ①内… Ⅱ. ①谢…②李…③李… Ⅲ. ①燕山期－多金属矿床－成矿系列－研究－东乌珠穆沁旗 Ⅳ. ①P618. 201

中国版本图书馆 CIP 数据核字（2015）第 165944 号

Nei Menggu Dongwuzhumuqinqidiqu Yanshanqi Mu(Wu) – Qian Xin(Yin) Chengkuangxitong

责任编辑：韩 博 于春林 白 铁
责任校对：王洪强
出版发行：地质出版社
社址邮编：北京海淀区学院路 31 号，100083
咨询电话：(010) 66554528（邮购部）；(010) 66554623（编辑室）
网 址：http://www.gph.com.cn
传 真：(010) 66554686
印 刷：北京地大天成印务有限公司
开 本：889 mm × 1194 mm $^1/_{16}$
印 张：7.75
字 数：360 千字
版 次：2015 年 8 月北京第 1 版
印 次：2015 年 8 月北京第 1 次印刷
定 价：45.00 元
书 号：ISBN 978 - 7 - 116 - 09335 - 5

（如对本书有建议或意见，敬请致电本社；如本书有印装问题，本社负责调换）

前　言

本书是中国地质调查局项目（编号：12120113056700）和山东黄金集团锡林郭勒盟山金阿尔哈达矿业有限公司项目"内蒙古东乌旗地区钼–铅锌–多金属矿产的成矿规律与找矿方向研究"❶共同资助的成果。

内蒙古东乌旗地区在大地构造位置上处于西伯利亚板块与华北板块的古板块结合带之中亚造山带东段（或称天山–兴蒙造山系），区内构造岩浆演化复杂，造就了区内多期构造–岩浆活动，也为成矿提供了有利条件。该区处于古亚洲成矿域和环太平洋成矿域两大世界级成矿域的叠加、复合和转换部位，成矿潜力巨大。近年来在该区已发现了一批具有重要经济意义的矿床（点），如迪彦钦阿木斑岩型钼矿床、沙麦云英岩–伟晶岩型钨矿床、阿尔哈达铅锌（银）矿床、花脑特铅锌（银）–多金属矿床、朝不楞矽卡岩型铁锌矿床等。已发现的矿床类型包括斑岩型、云英岩–伟晶岩型、矽卡岩型、热液型脉等，已初步形成了一条北东向钼、钨、铅锌（银）多金属成矿带。尽管该区近年来的找矿工作取得重要进展，但其矿床学、矿床地球化学研究相对薄弱，对不同矿床类型之间的成因联系、成矿地质背景、成矿岩浆性质、成矿流体来源及流体演化、矿质迁移及富集机理等尚缺少系统的工作。

本书在详细的野外地质调研和室内测试分析基础上，以迪彦钦阿木钼矿床、沙麦钨矿床、花脑特铅锌（银）–多金属矿床、阿尔哈达铅锌（银）矿床为研究对象，开展了详细的矿床学、岩浆岩岩石学、岩石化学、成岩年代学和矿床地球化学研究，深化了对该成矿带不同类型矿床的成因认识，构建了矿床成矿模型，提出区内钼、钨、铅锌（银）–多金属矿床为统一的成矿系统，并初步建立了成矿系统模型。以上认识不仅对指导该区进一步的找矿勘查具有重要意义，同时，对理解中国东部燕山期成矿的钼（钨）、铅锌（银）、多金属矿床的成因关系，空间分布规律具重要意义。

研究结果表明，东乌旗地区的斑岩–矽卡岩–热液型钼、钨、铅锌成矿系统是中国东部燕山期大规模成矿事件的产物，其成矿主要与北东向走滑断裂系统有关。成矿岩浆主要是由于幔源岩浆上侵过程中诱发的下地壳部分熔融，具有壳幔混源的特征，岩石化学显示 A 型花岗岩的亲和性；成矿流体和成矿物质主要来自于岩浆，熔体–流体不混溶是成矿流体的主要出溶机制，且早期岩浆出溶流体富含 CO_2 和多种成矿金属；熔流体转化、流体沸腾、大气降水的加入或水岩反应分别造成了钼、钨和铅锌（银）的矿质沉淀；钨矿化主要发生于熔–流体转化阶段，因此常产于成矿岩体内部和近岩体的云英岩化、硅化围岩中，斑岩型钼矿化与早期岩浆流体沸腾有关，主要产于成矿岩体的顶部和近外围蚀变岩中，铅锌（银）和部分铜矿化是成矿流体远程迁移的结果，早期岩浆来源的成矿流体与大气水混合及水岩反应是造成铅锌（银）等沉淀的主要机制。

本书由谢玉玲组织、统稿，并负责编写了第 1~4 章和第 5~7 章的部分内容；李腊梅负责编写了第 5 章的流体包裹体和岩浆岩部分；李怀斌负责编写了第 6 章的岩石化学部分；唐燕文、李应栩和周俊杰在野外地质调研和室内测试中做了大量工作，并负责数据处理和全书的审校。

参加项目研究人员还有北京科技大学刘保顺、李媛、韩宇达、郭翔、王蕾、张健、姚羽、王博功、马艳梅、安卫军、吴浩然、王莹、曲云伟、杨科君、崔凯；山东黄金集团阿尔哈达矿冶有限公司王成、杜云龙、纪永刚、李永新、王信、王仁敏、阮大为、刘兴宇等；山东黄金集团锡林郭勒盟金仓矿业有限公司朱兆庆、杨松学、许道学、李艳辉等及中国冶金地质总局第一地质勘查院的李博林、陈国峰等；中国地质调查局天津地质调查中心的辛后田、张勇等。

---

❶ 东乌旗为内蒙古东乌珠穆沁旗简称。

目　　录

1 绪 论

内蒙古东乌珠穆沁旗（简称东乌旗）地区地处内蒙古自治区东部，属草原覆盖区，交通不便，其矿床学和矿床地球化学研究相对薄弱。近年来国家在矿产地质调查方面投入了大量的经费，取得了一系列重要成果，相继发现了一批具有大、中型规模的金属矿产地。目前该区内发现的矿床类型包括斑岩型钼矿、伟晶岩－云英岩型钨矿、热液型铅锌（银）矿、热液型银矿、矽卡岩型铁－锌矿等，已初步形成了一条重要的钼、钨、铅锌（银）多金属成矿带。

斑岩－矽卡岩型钼钨－多金属成矿系统已成为我国最重要的矿床系列之一，其不仅具有重要的钼资源潜力，同时其钨、铜、铅、锌、银等资源也具有重要的经济意义。近20年来，随着我国地质找矿工作投入的加大，先后在天山－兴蒙成矿带东部、秦岭－大别成矿带、钦杭成矿带中东段、长江中下游成矿带等发现了一批燕山期成矿的斑岩型－矽卡岩型钼钨－多金属矿床，如东秦岭成矿带的南泥湖斑岩型钼钨矿床（杨永飞等，2009）、三道庄矽卡岩型钼钨矿床（翁纪昌等，2010）、夜长坪斑岩－矽卡岩型钼钨矿床（毛冰等，2010）；钦杭成矿带东段的浙江省安吉县朗村斑岩型钨钼－多金属矿床（浙江第一地质大队，未发表资料）、安徽宁国竹溪岭矽卡岩型钨钼（银）矿床（安徽省地质矿产勘查局332地质队，2012）、安徽逍遥矽卡岩型钼钨－多金属矿床（杜玉雕等，2013）；长江中下游成矿带的安徽池州地区的马头斑岩型钼铜矿床（艾金彪等，2013）、百丈岩矽卡岩－斑岩型钨钼矿床（秦燕等，2010）等。这些斑岩－矽卡岩型钼钨－多金属矿床常在空间上与热液型铅锌（银）矿紧密伴生，但对其之间的成因联系研究尚较薄弱，没有可供参考的成矿系统模型。

中国的斑岩型钼（钨）矿床的找矿勘查近年来取得了重大突破，相继发现了沙坪沟超大型钼矿、竹溪岭斑岩－矽卡岩型大型钨钼矿、迪彦钦阿木大型斑岩型钼矿等。相对于斑岩型铜金系统，对斑岩型钼钨－多金属矿床的研究尚相对薄弱，对与成矿有关的岩浆岩类型、岩浆起源与演化、成矿过程等尚未达成一致的见解。东乌旗地区目前已发现的矿床类型包括斑岩型钼、伟晶岩－云英岩型钨、热液型铅锌（银）－多金属矿床等。已有资料表明其成矿均与燕山期岩浆事件有关（本文及谢玉玲等，未发表资料），为研究斑岩型钼钨与热液型铅锌（银）的成因关系提供了可能。对该区典型矿床详细的地质、地球化学研究，不仅对指导我国东部燕山期成矿的钼、钨、铅锌－多金属矿的找矿勘查具有重要意义，同时为深化斑岩－矽卡岩型钼－钨－多金属矿床成矿理论积累了宝贵的资料。

本书在详细的野外地质调研和室内测试分析基础上，以东乌珠穆沁旗地区迪彦钦阿木钼矿床、沙麦钨矿床、花脑特铅锌（银）－多金属矿床、阿尔哈达铅锌（银）矿床为研究对象，开展了详细的矿床学、岩浆岩岩石学、岩石化学、成岩年代学和矿床地球化学研究，深化了对该成矿带不同类型矿床的成因认识，构建了矿床成矿模型，提出区内钼、钨、铅锌（银）－多金属矿床为统一的成矿系统，并建立了成矿系统模型。以上认识对指导该区进一步的找矿勘查具有重要意义。

研究表明，东乌旗地区斑岩型－矽卡岩型－热液型钨、钼、铅锌成矿系统是中国东部燕山期大规模成矿事件的产物，成矿岩体侵位受控于北东向走滑断裂系统和古板块结合带的再次活动，成矿岩浆主要是由于幔源岩浆上侵过程中诱发的下地壳部分熔融及幔源岩浆注入，具有壳幔混源的特征，岩石化学显示A型花岗岩的亲和性；成矿流体和成矿物质主要来自于岩浆，熔流－流体不混溶是成矿流体出溶的主要机制，且早期岩浆出溶流体富含CO_2和多种成矿金属；熔流体转化、流体沸腾和地下水的加入分别造成了钨、钼和铅锌（银）的矿质沉淀；钨矿化主要发生于熔－流体转化阶段，因此常产于成矿岩体内部和近岩体的云英岩体、硅化围岩中，斑岩型钼矿化与早期岩浆流体沸腾有关，主要产于成矿岩体的顶部和近外围蚀变岩中，铅锌（银）和部分铜矿化是成矿流体远程迁移的结果，早期岩浆来源的成矿流体与大气水混合及水岩反应是造成铅锌（银）等沉淀的主要机制。

2 大地构造背景和区域地质概况

2.1 大地构造背景及演化

研究区位于内蒙古自治区东乌珠穆沁旗境内，大地构造位置位于中亚造山带东部（兴蒙造山带）（图2.1a）之西伯利亚板块南缘（图2.1b）（李锦轶，1986）。该区经历了古蒙古洋的俯冲、陆陆碰撞和碰撞后伸展等一系列复杂的地质演化过程，因此区内岩浆－构造活动强烈，为成矿提供了有利条件。板块结合带作为岩石圈不连续带，其控制了深部岩浆活动的全球分布，因此常构成控制世界上巨型成矿带的一级构造，如南美洲的安第斯成矿带。我国几个重要的成矿带也均沿现代或古板块结合带展布，如冈底斯成矿带、秦岭－大别成矿带、钦杭成矿带等。兴蒙造山带位于华北与西伯利亚板块结合带东段，沿该板块结合带近年已发现一系列斑岩型钼、斑岩型铜、与岩浆活动有关的热液型铅锌（银）、与铁镁质岩浆岩有关的铁、与壳源花岗岩有关的钨、锡矿床等，已显示出巨大的找矿潜力。尽管对该区的大地构造演化、华北与西伯利亚板块缝合带的位置、陆陆碰撞时限等仍存在不同认识，

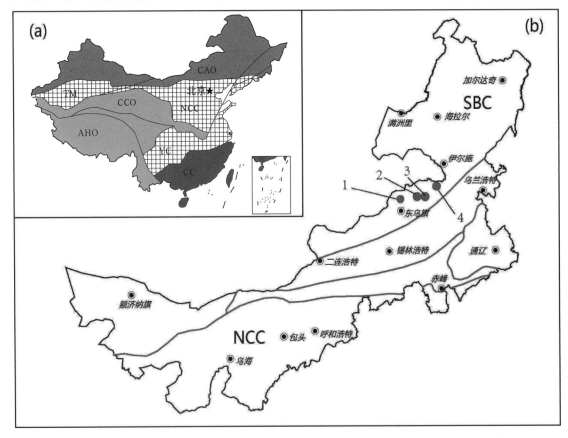

图 2.1 矿区大地构造位置图

a 中国大地构造分区（据 Kusky 等，2007）；b 内蒙古自治区大地构造划分及典型矿床位置

（底图引自内蒙古地质矿产局，1991）

AHO—阿尔卑斯－喜马拉雅造山带；YC—扬子克拉通；NCC—华北克拉通；SBC—西伯利亚克拉通；TM—塔里木板块；

CAO—中亚造山带；CCO—中央造山带；CC—华夏克拉通（华南地块）；1—沙麦钨矿；2—花脑特铅锌—银多金属矿；

3—迪彦钦阿木钼矿；4—阿尔哈达铅锌－银矿

但对该区经历了蒙古洋的向北俯冲、蒙古洋消亡、华北与西伯利亚板块的陆陆碰撞和碰撞后伸展及燕山期受太平洋板块俯冲影响等已得到普遍认同。复杂的构造演化造就了该区多期次、多来源的岩浆事件和多种类型的成矿作用。

兴蒙造山带作为中亚造山带东段的组成部分，对其构造格局和构造演化的认识一直备受关注。20世纪80年代以前以槽台理论解释兴蒙造山带为多旋回运动的结果。在80年代以后，随着一些蓝片岩、蛇绿岩以及与板块俯冲、碰撞有关的火山－深成岩带的发现，人们开始以板块构造理论来探讨兴蒙造山带及邻区的地质构造演化，从之前简单地认为兴蒙造山带是西伯利亚板块与华北板块之间的缝合带的观点再到而后一些大地构造学家相继提出众多微板块不断拼合的见解，对兴蒙造山带的构造格局和地质演化历史也因此有了更为深刻的认识（胡骁等，1990；王荃等，1991；陈斌等，1996；刘正宏等，2000；叶惠文等，1994；葛文春等，2005a，b）。

前人研究表明，兴蒙造山带经历了古亚洲洋构造域和古太平洋构造域两大构造演化阶段，其地质构造演化可分为两个大的阶段：新元古代至早中生代古亚洲洋盆形成与闭合阶段、中生代－新生代滨西太平洋大陆边缘板内构造发育阶段。古生代期间，该区不仅经历了多个微陆块（自西向东依次为额尔古纳地块、兴安地块、松嫩－张广才岭地块、佳木斯地块和兴凯地块）之间的碰撞与拼合过程（王子进等，2013；Sengör，1993），也经历了古亚洲洋的最终闭合。对于古亚洲洋最终闭合的时间及位置一直存在争论（张兴洲，1992；赵春荆等，1996；吴福元，1999；李锦轶，1998；李锦轶等，1999，2007；孙德有等，2000，2004，2005；Wilde，2001；Wu et al.，2005，2007a，2007b；葛文春等，2005a，2005b；Li，2006；Wang, et al.，2012），目前主要有两种认识：一种认为古亚洲洋于晚泥盆世—早石炭世沿黑河－贺根山发生最终闭合（Zhang，1989；Tang，1990；Guo，1991），另一种认为索伦－西拉木伦－长春－延吉缝合带代表了西伯利亚板块与华北板块之间古亚洲洋的最终闭合，但关于其碰撞缝合的时间仍存在争议（邵济安，1986；王鸿祯等，1990；郭胜哲等，1992；彭玉鲸等，1999），包括：志留纪—泥盆纪、中晚泥盆世、晚泥盆世—早石炭世（洪大卫，1994）、二叠纪（Windley et al.，2007）、晚二叠世（Hsu，1991；Ruzhentsev，2001）、二叠纪—三叠纪（Chen B, et al.，2000，2009；Shen et al.，2006；Miao et al.，2008；Xiao, et al.，2009）。李承东（2007）等测得索伦－延吉缝合带南侧的吉林桦甸色洛河地区陆弧高镁安山岩锆石SHRIMP年龄为252 Ma，表明252 Ma时仍存在着古亚洲洋板块向南的俯冲作用。陈衍景等（2009）认为古亚洲洋在华北克拉通以北地区的最晚闭合位置是索伦－延吉缝合带，古亚洲洋沿索伦－延吉缝合带自西向东闭合于260～250 Ma，古特提斯洋北支最终闭合于220 Ma。王子进等（2013）通过对镁铁质侵入岩体的LA－ICP－MS锆石U－Pb定年与岩石地球化学分析研究，认为镁铁质侵入岩体形成于中二叠世末—早三叠世（263～246 Ma），而非前人认为的燕山早期。结合研究区同时代花岗岩的存在，研究区晚古生代晚期—早三叠世岩浆作用显示出双峰式火成岩组合的特征，表明该时期研究区处于一种伸展环境，这标志着碰撞造山活动的结束。锡林郭勒地块晚泥盆世地层显示出类似磨拉石沉积及其下伏地质体之间的不整合，以及该区近年识别出的423～424 Ma的富钾花岗岩，被认为是古亚洲洋在晚泥盆世以前关闭的有利证据（唐克东，1991）。但是根据李锦轶（1986）的分析，二叠纪中期古动物群的混生，标志着该碰撞过程的开始，该区二叠纪中晚期的沉积盆地具有陆间残余海洋盆地的特征，三叠纪早—中期磨拉石沉积的出现和上述三叠纪中期岩浆活动的发生应是，标志着该区强烈碰撞造山作用的发生和碰撞过程的结束。李锦轶等（2007）还根据内蒙古东部西拉木伦河以北双井子花岗岩年龄，结合其他研究成果，推测西伯利亚与中朝古板块之间沿西拉木伦缝合带的碰撞始于二叠纪中期（约270 Ma），于三叠纪中期结束；并且这一碰撞事件形成了从北山向东通过内蒙古南部到吉林中部的近东西走向的巨型山脉；区域上晚三叠世岩浆活动形成于该山脉演化晚期的伸展构造背景，标志着该区地壳演化新阶段的开始。

中生代—新生代，兴蒙造山带进入了滨西太平洋大陆边缘板内构造发育阶段。大兴安岭以醒目的北北东走向平行于东亚大陆边缘，其侏罗纪—白垩纪火山岩盆地和基底隆起呈北东走向，并呈雁行排列。因此，从构造变形角度看，它曾经受到古太平洋板块相对亚洲大陆向北剪切走滑的影响（邵济安，2009）。左旋剪切走滑断裂控制了中生代火山岩盆地的展布。北北东向的左旋走滑剪切致使近东西的古板块结合带的和一系列近东西向断裂的活化。这些活化的古板块结合带及左行走滑形成的局部张性空间为幔源岩浆的垂向上侵提供了通道，这是造成区内中生代侵入岩及与中生代岩浆岩有关的矿床显示出东西成带、北东成串分布的原因。根据大兴安岭晚侏罗世火山岩和中生代花岗岩的 Sr、Nd 同位素结果，其来源于壳幔混熔的岩浆房，推测岩浆房中有来自壳幔过渡带残余的古蒙古洋洋壳物质。中生代的岩浆活动有其独特背景，既不具有古老陆壳的干扰，也与太平洋板块的俯冲无直接关系，因此它们的构造——岩浆活动能够更直接地反映深部作用的影响，软流圈物质底侵作用提供的热能使上地幔和下地壳部分熔融并上升，在中下地壳形成壳幔混熔的岩浆，软流圈底辟体上涌可能是该区中生代的重要热事件（邵济安，2009）。

2.2 区域地层

区域内古生代和中生代地层均有不同程度分布。该区基底由奥陶系、志留系和泥盆系的碎屑岩和中基性火山岩、火山碎屑岩组成，其上为石炭系和侏罗系的陆相碎屑岩和中性火山岩不整合覆盖。区内出露的主要地层由老至新分述如下：

（1）奥陶系

铜山组（Ot）：少量出露于东乌旗额仁高比一带，与上覆多宝山组火山岩呈整合接触，为一套浅海相正常沉积的碎屑岩，岩性主要为粉砂质板岩、千枚岩、硅质板岩、粉砂岩、长石石英砂岩及结晶灰岩等。

多宝山组（Od）：主要见于东乌珠穆沁旗东北部的额仁高比一带，整合覆于铜山组之上，为一套中酸性火山岩组合。岩性为安山玢岩、安山岩、流纹岩夹页岩及板岩，部分地区有玄武岩。

乌宾敖包组（$O_{1-2}w$）：由内蒙古区调一队（1979）创名于乌宾敖包，主要指整合于巴彦呼舒组砂岩之下的一套浅海相沉积岩，岩性以灰色、灰绿色板岩、绢云板岩、白云质板岩、砂质板岩等各种板岩为主，夹少量粉砂岩及灰岩透镜体。

巴彦呼舒组（O_2b）：由南润善、朱慈英等（1992）在巴彦呼舒剖面创名，分布于苏尼特左旗－东乌旗的乌宾敖包、乌日尼图、巴彦呼舒等地，与下伏乌宾敖包组呈整合接触。岩性以浅海相长石砂岩、石英砂岩、粉砂岩、变泥岩为主，夹少量板岩、灰岩透镜体，为一套陆源碎屑岩组合。

裸河组（Ol）：少量分布于东乌珠穆沁旗汗贝布敦召等地，为沉积于多宝山组火山岩之上的一套浅海相沉积变质组合，岩性主要为变质砂岩、板岩、变泥岩、千枚状变质粉砂岩夹少量砂质灰岩。

（2）志留系

卧都河组（Sw）：主要分布于东乌珠穆沁旗一带，为一套位于泥鳅河组之下的浅海相碎屑岩组合，岩性为泥质粉砂岩、变质砂岩为主夹少量板岩、泥质板岩和变质砾岩等。

（3）泥盆系

泥鳅河组（$D_{1-2}n$）：主要分布于二连－东乌珠穆沁旗地区，为一套浅海相碎屑岩夹碳酸盐岩建造。岩性主要为灰绿、黄绿、灰黑色长石石英砂岩、粉砂岩、泥质粉砂岩、凝灰质粉砂岩。

哈诺敖包组（Dhn）：仅分布于东乌珠穆沁旗额仁高比苏木，分布较局限。为一套正常的陆相碎屑岩沉积，岩性为深灰色、黄绿色凝灰质粉砂质板岩、泥板岩、凝灰岩，其与上下层位地层的接触关系不清。

大民山组（Dd）：零星分布于东乌旗东北部和贺根山一带，为一套海相中基性、酸性火山熔岩、火山碎屑岩、碎屑岩、碳酸盐岩及硅质岩。

塔尔巴格特组（D_2t）：主要分布在苏尼特左旗北部阿尔格勒图－东乌珠穆沁旗西山塔尔巴格特－额仁高比苏木一带。为一套海相碎屑岩建造，岩性为褐黄色泥质、硅质、凝灰质粉砂岩、板岩、黄绿－灰绿色粉砂岩。

安格尔音乌拉组（D_3a）：主要见于阿巴嘎旗吉尔嘎郎图－东乌珠穆沁旗贺斯格乌拉一带，为一套陆相及滨浅海相砂板岩组合。岩性以泥质粉砂岩、板岩、细砂岩、砂岩为主，夹有泥岩，局部地区凝灰质、硅质成分增高。

（4）石炭系

宝力高庙组（C_2b）：由内蒙古地质局呼和浩特幅填图组 1961 年命名，分布于苏尼特左旗白音宝力格、阿巴嘎旗巴音图嘎、东乌旗宝力格庙地区，为一套陆相中酸性火山熔岩、火山碎屑岩及正常沉积的碎屑岩组合。下部以陆相中性火山岩为主，夹火山碎屑岩和陆源碎屑岩，上部为砂砾岩、石英砂岩、粉砂质板岩、泥页岩，含流纹岩、英安岩夹层。

格根敖包组（C_2g）：仅见于东乌珠穆沁旗中部盐池北山地区，少量分布于西乌珠穆沁旗以北，由下部安山玢岩、安山岩夹凝灰岩和凝灰质砂岩，中部凝灰质粉砂岩夹砾岩、砂砾岩，上部岩屑晶屑凝灰岩夹凝灰质粉砂岩，局部夹生物碎屑灰岩透镜体。

（5）二叠系

阿尔陶勒盖组（P_2a）：主要分布于东乌旗德林呼都格、哈达呼都格和哈布其尔呼都格一带，呈北东东向展布，地层倾向南东。主要岩性为安山岩、凝灰岩、安山玢岩、岩屑晶屑凝灰岩等，为一套陆相中性、中酸性火山碎屑岩。本组地层不整合于泥盆系上统安格尔音乌拉组之上，其上被侏罗系上统火山岩覆盖。

（6）侏罗系

本区侏罗系地层主要分布于东乌旗的东北一带，主要地层有：

马尼特庙组（J_{1-2}）：主要分布于必鲁特、乌苏达音乌拉、哈尔道和一带，呈北北东向展布。此外，在巴彦呼热、巴彦乌拉、准里德纳等地也有零星分布。岩性主要为细砂岩、砾岩、泥岩和硬砂质砂岩等组成，底部夹煤线，为一套陆相碎屑沉积。

满克头鄂博组（J_3m）：主要分布于东乌旗哈拉盖图农场、贺斯格乌拉一带，自下而上可分为 4 个岩段：第一岩段以英安质、流纹质火山碎屑岩及砂砾岩为主，夹安山质熔岩；第二岩段以流纹岩或流纹质火山碎屑岩及砂砾岩为主，夹沉积火山碎屑岩；第三岩段岩性单一，为流纹质晶屑熔结凝灰岩；第四岩段以流纹质、安山质火山碎屑岩为主，夹黑曜岩及凝灰质砂岩、砾岩，局部可相变为流纹岩及安山岩（李文国，1999）。

玛尼吐组（J_3mn）：主要分布于东乌旗哈拉盖图农场 - 贺斯格乌拉和乌拉盖 - 宝力格庙一带，岩性主要为一套安山质、玄武质火山熔岩夹火山碎屑岩。该组地层岩性和厚度自东向西有一定的变化：在东乌旗哈拉盖图农场和贺斯格乌拉一带，岩性以安山质、玄武质火山熔岩为主；在乌拉盖、宝力格庙一带，岩性以玄武安山岩、片理化安山岩、玄武岩为主，夹凝灰岩；至贺根山、毛登一带，岩性则为玄武岩、安山岩与安山质火山碎屑岩互层；在阿巴嘎旗查干诺尔苏木、红格尔牧场一带，岩性为玄武岩、片理化安山岩、安山质火山碎屑岩或粗安岩，夹流纹质凝灰岩（李文国，1999）。

白音高老组（J_3b）：分布于东乌旗哈拉盖图农场一带，主要岩性为流纹岩、石英粗面岩及含角砾黑曜岩。

（7）白垩系

巴彦花组（K_1b）：分布于东乌旗东侧的巴润都兰 - 巴润色珠尔一带，在阿拉坦合力、贺根山等地也有大面积分布，岩性为砂质泥岩、泥岩、砾岩、砂砾岩夹褐煤。

二连组（K_2e）：主要分布于朝不楞西侧的乌兰查布一带，主要岩性为浅灰色黏土质砂砾岩、黏土质长石砂岩夹不等粒铁质硬砂岩及粉砂质泥岩。

（8）第三系

宝格达乌拉组（N_2）：在东乌旗宝格达乌拉盆地、乌拉盖盆地以及山间洼地等地区广泛分布，岩性主要为灰绿、土黄、砖红、棕红色泥岩、砂质泥岩、粉砂岩，夹灰白色泥灰岩和黑绿色玄武岩，地层厚度不一。

（9）第四系（Q_4）

分布于山前坡地及沟谷前缘等洼地，为一套松散的砂砾、砂土及淤泥等堆积物。

2.3 区域构造

本区经历了华力西期、印支期和燕山期的多期构造运动，形成了以北东东向和北北东向为主的构造格局，华力西期地层褶皱强烈，断裂构造发育，形成了一系列轴向北东、北东东向紧密线型褶皱、倒转褶皱，并伴随大量的岩浆侵入活动；燕山期以断裂构造为主，仅发育有一些宽缓褶皱，燕山期运动导致早期断裂构造的活化和北北东向断裂的叠加（钱明和高群学，2006）。

区内深大断裂包括南部的二连－贺根山深断裂和东部的大兴安岭主脊断裂。二连－贺根山断裂曾被认为是华北与西伯利亚板块的缝合带（Zhang，1989；Tang，1990；Guo，1991），但也有人认为两板块的最终缝合带应在西拉木伦河断裂附近。区内断裂以北东、北东东向区域性断裂构造为主，还发育一系列北东、北西、北北西和近东西、近南北向次级断裂。区内矿床主要发育于北东、北东东和北西向断裂交汇部位，显示出北东成带、北西成串分布的特点。

2.4 区域岩浆活动

东乌旗地区岩浆岩分布广泛，岩浆活动受构造控制明显，岩性从超基性至酸性均有不同程度的分布（金岩等，2005）。前人研究结果表明，区域内侵入岩包括前寒武纪超基性侵入岩、加里东期的基性侵入岩、华力西期—燕山期的中酸性侵入岩和基性脉岩等。华力西期—燕山期的中酸性侵入岩在区域内大范围分布，并与区域内的有色金属成矿具有密切关系。

区域地质资料表明，华力西期中期侵入岩位于该区的中部，主要分布于乌兰敖包吐－乌兰陶勒盖－德勒哈达一带、吉林宝力格以及额仁高毕的北部，总体呈北东向展布，多沿朝不楞复式背斜轴部侵入，出露面积大约为 670 km²。主要包括阿尔斯楞敖包岩体、珠尔狠敖老岩体、温多尔包尔岩体、准多尔博勒金岩体、乌兰敖包吐岩体、乌兰陶勒盖岩体、德勒哈达岩体、吉林宝力格岩体、阿钦楚鲁岩体、敖包特岩体等。岩体大多为中小型岩株，个别呈岩基状产出。岩石类型有黑云母花岗岩、似斑状黑云母花岗岩、二长花岗岩、钾长花岗岩等，其中大多数岩石以具有似斑状结构、花岗结构以及块状构造为特征。岩体中原生构造较为发育，流面与侵入体的延伸方向相近，大多为北东－北东东走向。在岩体中经常发育晚期花岗岩脉、石英脉、闪长玢岩脉以及辉绿玢岩脉等。该类岩体在化学成分上的总特征表现为富硅 $SiO_2 > 66\%$、富碱（$Na_2O + K_2O > 7\%$，且 $K_2O > Na_2O$）、过铝质，大部分属钙碱性系列（内蒙古自治区地质局，1976a；内蒙古自治区地质局，1978a；内蒙古自治区地质局，1978b）。

区内华力西期晚期侵入岩分布范围有限，主要分布于该区西侧的沙尔哈达、奥尤特和该区东部的阿布其格等地，出露面积大于 250 km²。主要包括沙尔哈达岩体、准布顿岩体、阿布其格岩体以及朝不楞西辉长岩等，呈岩株或岩基状产出。岩石类型有花岗岩、黑云母石英闪长岩、辉长岩等。岩石大多呈中细粒似斑状结构，块状构造。沙尔哈达岩体和准布顿岩体和阿布其格岩体含褐帘石、锆石、钛铁矿、磷灰石、磁铁矿等副矿物。该类岩体在化学成分上的总特征表现为富硅（$SiO_2 > 70\%$），Fe、Mg、Ca 含量较低，富碱（$Na_2O + K_2O > 7\%$，且 $K_2O > Na_2O$），过铝质，大部分属碱性系列（内蒙古自治区地质局，1973；内蒙古自治区地质局，1977）。

印支期侵入岩在区内发育相对较少，但在东乌旗及其邻区，许多原来被认为是燕山期的侵入岩，随着近几年的野外地质调查和室内综合性研究工作逐渐被证明是印支期岩浆活动的产物。如该区外围出露于阿巴嘎旗的楚鲁图、苏金温多尔、扎拉山和黑沙图，苏尼特左旗的祖横得楞，西乌旗白音得勒和前进场等地的岩体（聂凤军等，2007a）。

燕山期侵入岩在该区范围内分布广泛，常与海西晚期花岗岩构成复式侵入岩体。复式侵入岩体具体表现为同期岩体的多次套叠和不同类型侵入体的相互套叠。岩体多沿复式背斜两侧侵入，主要呈北东－北北东向展布。区域范围内在东乌旗东北部和锡林浩特至西乌旗一线构成两条规模较大的花岗岩带。在区内主要分布于巴润哈塔布其－浩吉尔太－沙麦－哈丹沟布顿一带、昂嘎尔－塔日根敖包－沃尔滚乌兰一带、朝不楞以及沟特等地。代表性岩体有沙麦－巴彦乌拉岩体、古尔班哈达岩体、昂嘎尔岩体、朝不楞岩体和沟特岩体等，出露面积大于 3754 km^2。各类岩体大多以大的岩基或岩株状侵入于泥盆系安格尔音乌拉组和塔尔巴格特组火山沉积岩中，其上被上侏罗统酸性火山岩覆盖。

区内燕山期侵入岩以酸性和中酸性岩为主，中基性岩少见。主要岩石类型有黑云母花岗岩、黑云母似斑状花岗岩、花岗闪长岩、石英闪长岩、二长花岗岩、二云二长花岗岩和黑云母二长花岗岩等；其次还有成分较为单一、规模较小的闪长玢岩、霏细花岗斑岩、闪长玢岩、二长斑岩、正长斑岩、石英斑岩、流纹斑岩和辉绿岩等，其中黑云母花岗岩、花岗闪长岩和石英闪长岩往往相互套叠，形成侵入杂岩体（内蒙古自治区地质局，1978b）。

3 阿尔哈达铅锌－银矿床

3.1 矿床地质概况

3.1.1 矿区地层

对矿区的矿床地质前人已进行了一定的工作（中国冶金地质总局第一地质勘查院，2005，2007，2012），为本次研究提供了重要的基础资料。区内属草原覆盖区，地层出露较差。矿区范围内大部分地区为第四系全新统所覆盖，仅出露泥盆系上统安格尔音乌拉组（D_3a）和侏罗系上统白音高老组（J_3b）（图 3.1）。现将矿区地层由老至新分述如下：

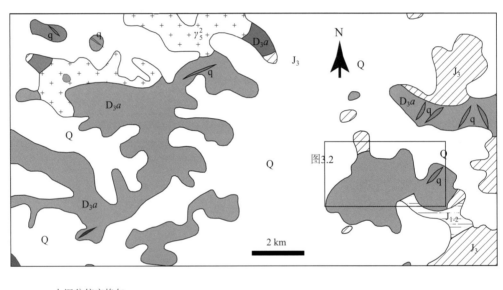

图 3.1 阿尔哈达勘查区地质简图

（据中国冶金地质总局第一地质勘查院，2011 修编）

Q—第四系；J_3—侏罗系上统百音高老组；J_{1-2}—马尼特庙组；D_3a—泥盆系上统安格尔音乌拉组；

q—石英脉；F—断裂；γ_5^2—花岗岩

泥盆系上统安格尔音乌拉组（D_3a）：是矿区出露面积最大的基岩单元，也是矿床最主要的赋矿围岩（图 3.2）。该组地层岩性成分比较复杂，包括基性火山岩、凝灰岩和陆相沉积岩，火山岩和沉积岩互层和相变频繁。根据地层的岩性特征，由下至上分为以下 5 个岩性段（中国冶金地质总局第一地质勘查院，2012）：

1）砂板岩段（D_3a^1）：该岩性段出露于矿区南部及东北部，厚度为 160 m；主要岩性为灰色板状砂岩、深灰色含碳质细砂岩并夹有薄层粉砂质板岩，产状相对稳定。

2）粉砂质板岩段（D_3a^2）：该岩性段出露于矿区中南部及矿区北部，主要分布在矿区中南部山脊南坡，厚度为 270 m。主要岩性为浅灰色粉砂质板岩夹粉砂质板状砂岩及泥质板岩。

3）泥硅质板岩段（D_3a^3）：该岩性段出露于矿区中南部，多沿山脊分布，厚度为 150 m；岩性以浅灰色泥硅质板岩为主，夹有粉砂质硅板岩。泥硅质板岩呈浅灰色，变余泥质结构，板状构造，由泥质及粉砂质组成。

4）泥质板岩段（D_3a^4）：该岩性段出露于矿区中部，出露面积最大，多沿山脊北坡分布，厚度为150 m；岩性以浅灰色泥质板岩夹薄层凝灰岩及粉砂质板岩，泥质板岩呈浅灰色，变余泥质结构，板状构造，由泥质及粉砂质组成。凝灰岩呈灰白色，凝灰结构，块状构造。

5）凝灰岩段（D_3a^5）：分布于矿区中北部，地表分布非常零星，厚度为150 m；在深部钻孔内见到较多，主要岩性为安山质晶屑凝灰岩、安山质凝灰岩、安山质岩屑晶屑凝灰岩、流纹质凝灰岩，局部和泥质板岩互层。凝灰岩呈灰－灰白色，凝灰结构，块状构造。

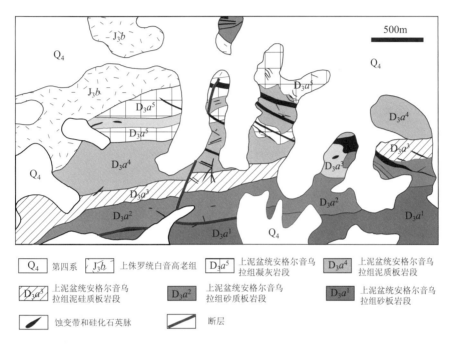

图 3.2　阿尔哈达矿区地质图

（据中国冶金地质总局第一地质勘查院，2011 修编）

侏罗系上统白音高老组（J_3b）：分布于矿区东北部，出露面积约 0.6 km²，不整合于安格尔音乌拉组之上，岩石类型主要为复成分砾岩、含砾流纹质凝灰岩、流纹岩、英安质流纹岩等。

第四系全新统（Q_4）：广泛分布于沟谷洼地中，主要为冲积、洪积形成的砂砾层，湖积淤泥及风积形成的砂质土、粉细砂。

3.1.2　矿区构造变形特征

矿区位于东乌旗褶皱束额仁高毕复式向斜的东南翼，受多期构造运动影响，矿区内断裂、褶皱以及劈理和节理构造发育。按断裂构造与成矿时间关系可分为成矿前、成矿期和成矿后构造，多期断裂构造的叠加改造作用强烈。

由于矿区大部被草原覆盖，构造研究相对困难，所测的数据有限。本次在前人研究基础上，通过野外和井下构造现象观察、构造形迹测量、期次划分和统计分析等，对矿区发育的主要构造类型、变形特征、构造与成矿的关系等进行了初步的探讨。构造行迹测量点主要分布于主采区井下（包括808、818、848、888、768、788 和东探井 808、848、888 等中段）和东、西区地表，共选择观测点546 个，获得产状数据851 个。野外地质构造观测点分布和井下测量点水平投影见图 3.3。

（1）褶皱构造

前人研究表明，矿区主要经历了海西、印支和燕山期构造事件。华力西期形成的褶皱为紧密线型，褶皱轴总体走向北东东（约70°左右），矿区大致位于复式向斜构造的南翼，所以矿区地层总体

9

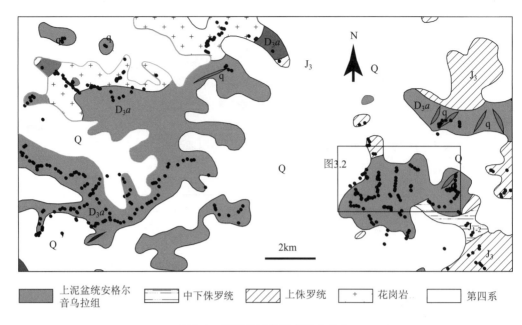

| 上泥盆统安格尔音乌拉组 | 中下侏罗统 | 上侏罗统 | 花岗岩 | 第四系 |

图 3.3　野外地质构造观测点分布

产状以倾向北北西为主，倾向 340°~355°，倾角 40°~65°，矿区南部地层局部南倾，倾向 175°，倾角 40°~65°；晚期（燕山期）形成的褶皱轴总体走向 40° 左右，在地层中可形成次级舒缓的褶皱构造。探矿工程中见到的构造较为复杂，钻孔岩心中地层倾角变化较大，由缓倾至近直立均可见及。由于多期褶皱构造叠加，在地层中可形成次级复式褶皱构造和层间一些小褶曲构造，从 0 线~39 线之间出现了由 4 组次级褶皱组成的复式褶皱构造，单一褶皱构造的褶皱波长 200~320 m 左右。

生产矿区内地层产状测量结果表明，矿区内地层产状可大致分为两组，分别为走向北东东，倾向北北西和走向近东西，倾向南。地层产状等密度图（图 3.4）显示，北北西倾向组其产状集中在 328°∠47°，而南倾产状组则集中在 184°∠75°。两产状分别代表了矿区复式向斜两翼的总体产状，据两翼产状估算的轴面产状约为 349°∠75°，走向 79°，代表了华力西期晚期生产矿区主构造线方向。而后期宽缓褶皱轴向北东，叠加在该褶皱之上，并使地层产状更加复杂。

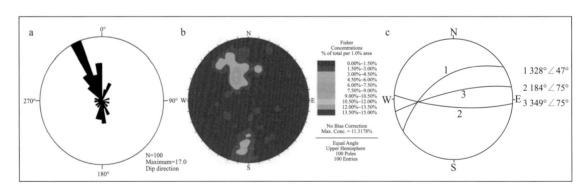

图 3.4　生产矿区井下岩层倾向玫瑰花图（a）、极点等密度图（b）和赤平投影图（c）

（2）断裂构造

矿区断裂构造极为发育，主要表现为断层和节理。矿区断裂构造以北东东、北西和北东向为主，另发育北北东和近东西向断裂构造。除主要断裂构造外，与主断裂平行的次级断裂也极发育，这是造成本区构造复杂的主要原因。由于矿区大面积为第四系覆盖，因此断层多未在地表出露，但矿区主要沟谷的分布主要受断裂控制，在遥感影像上也显示出北西西和北东向多组断裂。

矿区内规模最大的断层应为位于生产矿区北部，沿北西西向沟谷分布，由于第四系覆盖地表未出

10

露，但钻孔（DZK01）和西区大面积出露的碎裂花岗岩和断层角砾岩的存在均证实该断层的存在。从断层发育方向、断裂切穿的岩石单元、碎裂岩的蚀变特征等看，该断裂应为成矿前断裂。矿区矿体产状统计结果（图 3.5）、7－31 线探线剖面对比（显示的矿体三维形态特征），显示出控矿断裂的产状总体呈北西西走向，主要受成矿前断裂及与之平行的次级断裂控制。对 I 号矿带矿体结构面产状统计结果显示，矿区矿体和矿化的总体展布受该北西向断裂控制，走向北西西，倾向南南西，倾角 38°左右。另外还发育少量走向北西、倾向北东的小矿体。

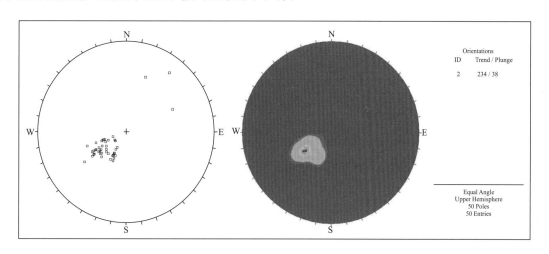

图 3.5　I 矿脉带内主要矿体结构面产状极点图和等密度图

从生产矿区井下含矿节理、裂隙的产状统计结果（图 3.6）可以看出，成矿期矿区所受的构造应力方向主要为北西－南东向挤压，主压应力面为走向北东，而主张应力方向为北东－南西，这是造成北西西向先期断裂再次张开（左行张扭性变形）的主要原因，也是矿体和矿化主要受该方向断裂控制的原因。其主应力方向与燕山晚期区域北西向挤压方向一致（邵济安，2009），也与该区受太平洋板块的侧向挤压事件相符。

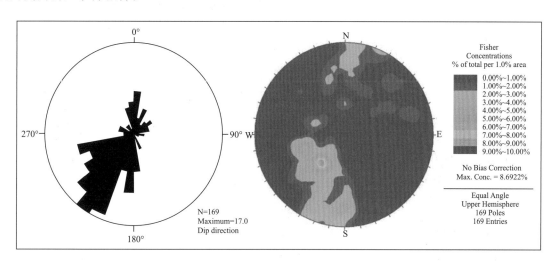

图 3.6　生产矿区井下含矿断裂倾向玫瑰花图及等密度图

除北西西向断层外，矿区内还发育北西、北东、北北东向断裂构造，主要表现为地表出露的切穿主要岩石单元的断裂，井下表现为含矿断裂或不含矿断裂，有时可切穿矿体，表明其应为成矿期和成矿后断裂。

从井下切穿矿体的断裂表现和产状特征看，成矿后断裂主要表现为张性断裂特征，构造角砾岩发育，并对矿体产生强烈的破坏。成矿后断裂主体走向 25°，切穿矿体，倾向南东，倾角 36°左右，显示沿先期压性或压扭性断裂发育的特征，早期挤压片理后再次张开，并被晚期的白色方解石脉等充填。另外，矿区北东-近南北向沟谷发育，且两侧蚀变和矿化存在明显差异，也表明成矿后断裂仍以北东向为主。

3.2 矿区的矿化和蚀变特征

根据地质条件和矿化类型，阿尔哈达勘查区可分为东西两个矿区。其中，东矿区以铅锌（银）矿化为主，西矿区的勘查工作正在进行之中，东矿区为生产矿区。

3.2.1 矿区的矿石、矿体和矿化特征

在矿区主要由 3 条大的含矿脉带组成，由北向南依次分布Ⅰ、Ⅱ、Ⅲ号矿脉带（中国冶金地质总局第一勘查院，2011；徐智和崔胜，2005）。其中Ⅰ号矿脉带是矿区主要的含矿带，位于生产矿区北部，由一系列近平行分布的、规模不等的矿脉组成。地质特征主要表现为蚀变碎裂板岩、硅化蚀变岩、石英脉、片理化带等。生产矿区矿体以脉状铅锌（银）矿石为主，其次为块状矿石、浸染状矿石。脉状矿石及块状矿石与含矿围岩及浸染状矿石之间界线清楚，而浸染状矿石与含矿围岩呈过渡关系。

（1）矿石类型

阿尔哈达东矿区的矿石可以分为 3 个基本类型：含铅锌银氧化矿石、混合矿石以及含银的铅锌硫化物原生矿石。矿床以隐伏矿体为主，矿石类型主要为原生矿石。根据矿石的构造特征可将原生矿石进一步分为：致密块状矿石、角砾状矿石、稀疏浸染-稠密浸染状矿石、条带状矿石、脉状-网脉状矿石等。

（2）矿石的构造、结构

矿石构造矿区：矿石构造类型多样，以脉状-网脉状（图3.7a，图3.7c，图3.7d）、角砾状、条带状、浸染状、纹层状（图3.7b）和块状构造为主。

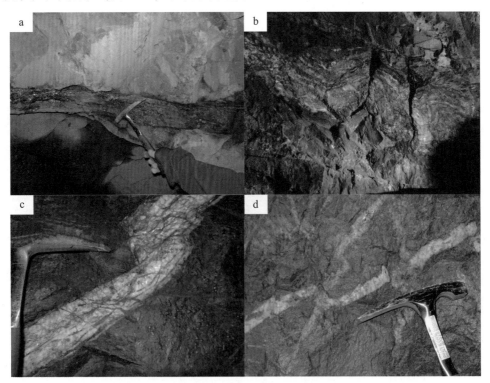

图 3.7 矿区主要矿化类型的野外照片

a—围岩中脉状铅锌矿化；b—纹层状黄铁矿；c—矿化石英脉的褶断现象；d—石英-含铁碳酸盐脉错断早期石英硫化物脉

12

矿石结构：矿石结构是研究矿床成因和矿物生成顺序的重要依据。矿区内矿石结构类型包括：

1）自形－半自形粒状结构：主要表现为毒砂、黄铁矿等在脉石矿物中呈自形－半自形粒状，常见毒砂的菱形切面和黄铁矿的正长形切面。

2）他形晶粒状结构：主要表现为黄铜矿、闪锌矿、方铅矿等，呈他形晶存在于脉石矿物或黄铁矿等矿物间。

3）固溶体出溶结构：常见闪锌矿中呈固溶体出溶的黄铜矿（图3.8a）、磁黄铁矿，在西区蚀变黑云母二长花岗岩中可见钛铁矿中出溶的金红石。

4）交代结构：交代结构在矿区极其发育，可见磁铁矿交代钛铁矿、赤铁矿交代磁铁矿（图3.8b）、褐铁矿交代黄铁矿（图3.8c）、黄铁矿交代白铁矿、毒砂交代黄铁矿（图3.8d）、铜蓝交代辉铜矿、赤铜矿交代铜蓝等。

5）交代残余结构和假象结构：在表生阶段常见褐铁矿强烈交代黄铁矿并呈现黄铁矿的假象，其中可含黄铁矿交代残余；有时可见磁铁矿完全交代钛铁矿后呈钛铁矿的假象。

6）胶状结构：常见早期形成的白铁矿、黄铁矿呈胶状结构（图3.8d）。

7）包含结构：方铅矿中常见呈包含结构的含银矿物，包括含银黝锡矿、银黝铜矿等。另外，石英中常见包含绿泥石、闪锌矿、黄铜矿、磁黄铁矿、磁铁矿等现象。

8）碎裂结构：常见黄铁矿、沥青（图3.8e）、石英等呈碎裂结构，并被后期脉体充填。

9）草莓状结构：在石英－碳酸盐－硫化物脉中常见沥青的碎块，其中含草莓状黄铁矿（图3.8f）。

10）填隙结构：常见黄铜矿、方铅矿等在黄铁矿中沿裂隙分布，呈填隙结构。

11）共边结构：常见闪锌矿与方铅矿、黄铜矿与磁黄铁矿呈共边结构。

3.2.2 矿化阶段和矿物组成特征

（1）成矿阶段划分

在野外地质调查基础上，并结合光薄片的岩矿相鉴定，阿尔哈达铅锌银矿床具有多期、多阶段的特征。由于构造多次叠加，早期形成的矿物发生重结晶或被其后矿化阶段矿物交代，因此划分期次十分复杂。根据野外脉体的穿插关系、矿石结构、构造特征及矿物共生组合，阿尔哈达矿区总体可划分为3期7个成矿阶段（见表3.1），包括：沉积期、热液期和表生期。

沉积期：

Ⅰ—沥青－黄铁矿阶段：仅在少数钻孔岩心中见含沥青角砾的方解石细脉，沥青中可见草莓状黄铁矿，表明其为沉积期有生物参与下的产物；SEM/EDS分析表明，草莓状黄铁矿中含少量Cu，沥青中含少量S和N，表明其可为成矿提供部分Cu和S。

热液期：

Ⅱ—钾硅化阶段：主要表现为蚀变岩体中的黑云母化、钾长石化和磁铁矿化，由于后期的蚀变叠加，该期蚀变在区内不易识别，黑云母多已绿泥石化、黄铁矿化和金红石化。

Ⅲ—云英岩化阶段：在勘查区的西区北部表现最为强烈，地表可见强云英岩化岩石。岩矿相和SEM/EDS结果表明，该阶段的主要矿物组成包括钠长石、白云母、石英、电气石、锆石（蚀变锆石，成群分布），并见少量石榴子石。蚀变钾长花岗岩中可见钠长石交代钾长石现象，蚀变围岩中偶见钠长石细脉。

Ⅳ—石英－绿帘石－磁铁矿阶段：在西区南部表现最为强烈，主要矿物组成为石英、绿帘石、磁铁矿、赤铁矿，并可见少量黄铜矿、磁黄铁矿等。

Ⅴ—绿泥石－碳酸盐－硫化物阶段：在生产矿区表现最为强烈，同时在西区南部和北部也均发育。主要矿物组成包括：石英、绿泥石、含铁锰碳酸盐、方解石、黄铁矿、方铅矿、闪锌矿、毒砂、黄铜矿、磁黄铁矿、含银矿物、金红石、锡石等。

Ⅵ—泥化阶段：在西区和东区均表现强烈，主要表现为地表和钻孔岩心中及井下的各种石英－黏

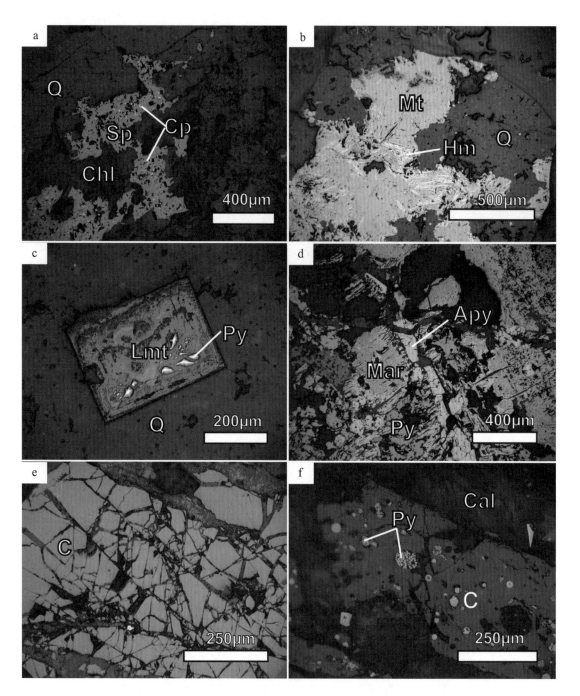

图 3.8　矿区主要矿石结构类型的显微镜下照片（反射光，单偏光）

a—闪锌矿中呈固溶体出溶的黄铜矿；b—赤铁矿交代磁铁矿；c—褐铁矿交代黄铁矿后呈现黄铁矿的假象，其中含黄铁矿交代残余；d—胶状白铁矿被黄铁矿交代，毒砂交代黄铁矿和胶状白铁矿；e—呈碎裂结构的沥青；f—沥青中草莓状黄铁矿；Py—黄铁矿；Cp—黄铜矿；Apy—毒砂；Mar—白铁矿；Sp—闪锌矿；C—沥青；Lmt—褐铁矿；Hm—赤铁矿；Cal—方解石；Mt—磁铁矿；Q—石英；Chl—绿泥石

土矿脉、蚀变岩体中长石的伊利石化等。该阶段的主要矿物组合包括：石英、伊利石、黄铁矿、辉铜矿等。由于不同的黏土矿物难以区分，本次黏土矿物类型主要依据短波红外光谱分析结果区分。

表生期：

Ⅶ—表生阶段：主要表现为地表和浅部矿石和蚀变岩石的风化，如黄铁矿的褐铁矿化、毒砂的砷铁矿化、长石的高岭土化等。主要矿物组成包括：高岭石、褐铁矿、铁锰氧化物、黄钾铁矾、赤铜矿、水磷铝铅矿等。

表 3.1　成矿阶段及矿物生成顺序表

成矿期 → 成矿阶段 → 矿物 ↓	沉积期 I 黄铁矿-沥青阶段	热液期 II 钾硅化阶段	热液期 III 石英-白云母阶段	热液期 IV 石英-绿帘石-磁铁矿阶段	热液期 V 绿泥石-碳酸盐-硫化物阶段	热液期 VI 泥化阶段	表生期 VII 表生阶段
黄铁矿	◆	┈	┈	┈	◆	—	
黄铜矿		┈	┈	┈	◆		
方铅矿				┈	◆		
闪锌矿				┈	◆		
毒砂			┈	┈	◆		
含银矿物					◆		
磁黄铁矿			◆	◆	◆		
赤铁矿				◆			
辉铜矿						◆	
铜蓝							◆
赤铜矿							◆
石英		◆	◆		◆		
钾长石		◆					◆
黑云母		◆				◆	
钠长石							◆
绿泥石				◆			
绿帘石			◆	◆			
磁铁矿		◆	◆	◆			
方解石				◆	◆		
白云母			◆				
黏土矿物						◆	
沥青	◆						
电气石			◆				
钛铁矿			◆				
金红石			◆				
锆石		◆					
白铁矿					◆		
锡石					◆		
独居石			◆				
磷灰石			◆				
水磷铝铅矿							◆
黄钾铁矾						◆	
铁锰氧化物							◆

（2）矿区主要矿物组成的显微镜下、SEM/EDS 和 EPMA 结果

本次通过主要岩、矿石的岩相学、矿相学、SEM/EDS 和 EPMA 分析，并结合部分样品的 XRD 分析结果，对矿区主要矿石类型和蚀变岩石中的矿物组成进行了系统研究。结果表明，矿区主要金属矿物有方铅矿、闪锌矿、黄铁矿、白铁矿、黄铜矿、磁黄铁矿、毒砂、磁铁矿、赤铁矿、辉铜矿、铜

蓝、砷铁矿、深红银矿、银黝铜矿、硫银锡矿等,在地表还可见褐铁矿、赤铜矿、氯铜矿、孔雀石及水磷铝铅矿等表生期次生矿物。脉石矿物包括:钾长石、钠长石、石英、方解石、含铁白云石、绿帘石、绿泥石、电气石、白云母、伊利石、高岭石等,另外还发现少量金红石、锆石、磷钇矿、磷灰石、独居石等。下面按矿物的晶体化学分类进行分述如下:

1)硫化物及其类似化合物

黄铁矿(FeS_2):在矿区范围内普遍发育,从自形到他形均有,可见多个世代的黄铁矿(图3.9a)。西区钻孔中见大量碳酸盐-沥青脉,沥青中含草莓状黄铁矿。沥青中草莓状黄铁矿的发现表明沉积成岩阶段生物参与下的初始矿化存在。另外蚀变地层中常见浸染状黄铁矿,并可见石英-硫化物脉、石英-碳酸盐脉中的黄铁矿。晚期黏土矿化也可见少量黄铁矿与黏土矿物共生。

黄铜矿($CuFeS_2$):在生产矿区矿石中黄铜矿(图3.9a)较为常见,在西区钻孔岩心中也常见黄铜矿与磁黄铁矿、毒砂等共生。闪锌矿中常见呈固溶体出溶的乳滴状、叶片状黄铜矿和磁黄铁矿(图3.9b)。

闪锌矿(ZnS):闪锌矿是阿尔哈达铅锌(银)矿区的主要矿石矿物之一,常存在于各种矿石类型中。闪锌矿中常见黄铜矿(图3.9b)、磁黄铁矿的乳滴状、叶片状及格状固溶体出溶物。EDS分析结果表明,闪锌矿中含铁较高,部分已成为铁闪锌矿。

方铅矿(PbS):方铅矿是阿尔哈达铅锌矿床中的主要矿石矿物之一,与闪锌矿、黄铜矿、黄铁矿等矿物共生(见图3.9c),存在于各种矿石类型中。EPMA分析表明,其中除含S、Pb外,还含少量Fe、Sb和微量的Ag。

白铁矿(FeS_2):镜下与黄铁矿相似,但磨光较差,常呈胶状结构。镜下可见白铁矿被黄铁矿、毒砂等交代(图3.9d)。

毒砂(FeAsS):镜下常见他形粒状或菱形断面、柱状自形晶,与方铅矿、黄铁矿、磁黄铁矿、黄铜矿等矿物共生(图3.9e),并可见毒砂交代胶状黄铁矿、白铁矿现象。在蚀变地层中常见呈自形毒砂。

磁黄铁矿($Fe_{1-x}S$):在生产矿区矿石中和西区钻孔岩心中均发现有磁黄铁矿,在地表云英岩化花岗岩中常见磁黄铁矿与磁铁矿共生(图3.9f)或在石英中呈包裹矿物出现。另外,在闪锌矿中可见磁黄铁矿与黄铜矿一起呈固溶体出溶的乳滴状、叶片状。

斑铜矿(Cu_5FeS_4):在矿区少见,仅在个别样品中见与黄铜矿共生的斑铜矿(图3.9g),产于西区钻孔岩心中。

铜蓝(CuS):仅发现于生产矿区南侧地表样品中,其充填于梳状石英粒间,部分已风化为赤铜矿和氯铜矿,可见赤铜矿交代铜蓝现象(图3.9h)。

深红银矿:又称浓红银矿,电子探针结果显示(表3.2),除主元素Ag、Sb、S外,还有Te、Pb、Fe、Cu,银含量为59.16%~59.23%,均一化处理后大致为Ag 59.195%、S 17.325%、Sb 23.335%,对应化学式为$Ag_{2.8}SbS_{2.7}$,该式与深红银矿化学分子式吻合。深红银矿呈片状、粒状发育于方铅矿中。图3.10和图3.10c为方铅矿中深红银矿背散射电子图像和X射线能谱图。

辉银矿(Ag_2S):主要呈显微包裹物的形式存在于方铅矿中。能谱分析结果表明除主元素Ag、S外,还含少量锑(图3.11a)。

表3.2 阿尔哈达矿区含银矿物的电子探针分析结果(w_B/%)

样号	矿物名称	As	Se	Fe	Ag	Cu	S	Zn	Sb	Te	Pb	Sn	总量
AD2418	深红银矿	/	/	0.06	59.23	0.06	17.40	/	23.30	0.10	0.41	/	100.56
	深红银矿	/	/		59.16		17.25		23.27		0.69	/	100.37
AD2485-2	银黝铜矿	0.04	0.06	6.07	33.28	11.65	19.75	0.08	27.34		0.81		99.07
	方铅矿	0.07		0.08	0.10		13.34	/	0.18		85.35		99.12
AD2523	银黝铜矿	0.13	0.03	3.03	18.29	19.74	22.58	4.07	32.89	/	/		100.76
	银黝铜矿	0.05		5.09	25.12	15.75	21.24	1.22	31.89		0.17		100.52
AD2130	硫银锡矿	0.05	/	0.06	67.29	/	18.72	0.20	0.26	0.23	13.18		99.98

16

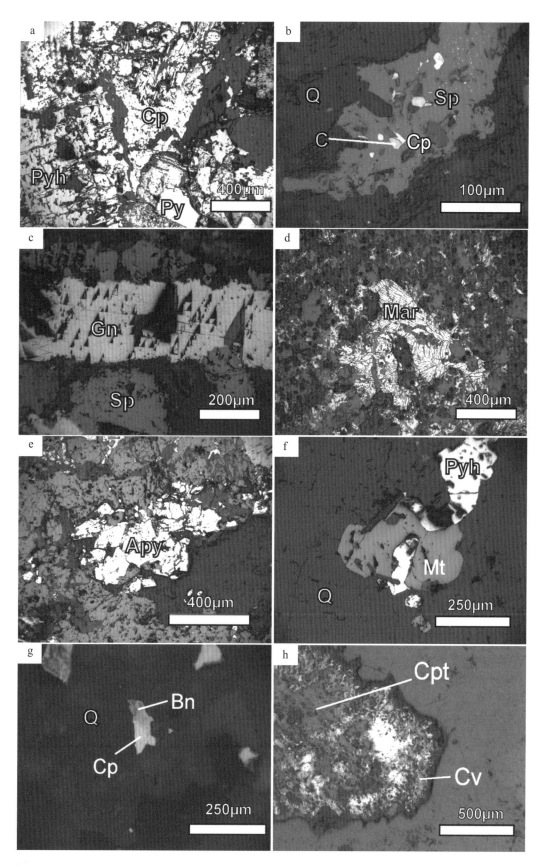

图 3.9　矿区主要硫化物矿物的显微镜下照片（反射光，单偏光）

Py—黄铁矿；Cp—黄铜矿；Apy—毒砂；Pyh—磁黄铁矿；Mar—白铁矿；Sp—闪锌矿；Gn—方铅矿；

Bn—斑铜矿；Cc—辉铜矿；Cv—铜蓝；Mt—磁铁矿；Q—石英；Cpt—赤矿铜

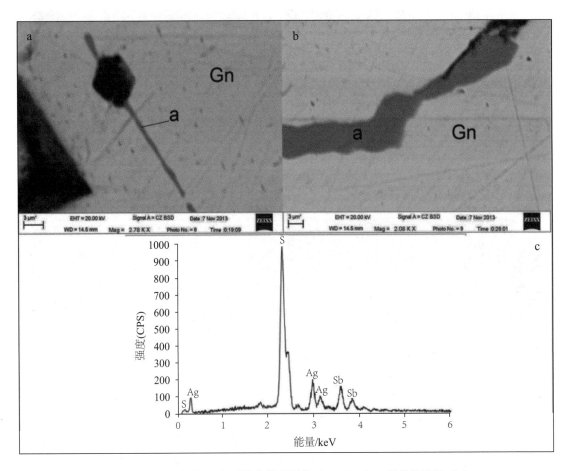

图 3.10　方铅矿中深红银矿的背散射图像（a，b）和 X 射线能谱图（c）

Gn—方铅矿；a—深红银矿

　　银黝铜矿和黝锑银矿：为银的硫盐矿物，均属于黝铜矿族，该含银矿物成分较为复杂，Ag、Fe、Zn、Sb、Pb 等均可以类质同象置换 Cu，并且 Ag、Cu 含量变化较大，故对该类含银矿物的具体命名还存在争议，但总体上归于黝铜矿族。就其含银量来说，比闪锌矿、方铅矿、黄铜矿、黄铁矿中的类质同象银要明显偏高，故常有研究者将其归为独立银矿物（李占轲等，2010；郑榕芬，2006），为叙述方便，本文采用此种方式叙述。本次所测含银黝铜矿族矿物主要组成元素为 Ag、Cu、S、Sb，其次为 Fe、Zn、As、Pb，甚至还有 Se、Sn 等元素。据统计，银含量为 18.29% ~ 33.28%。有些含铜很低称为黝锑银矿。岩矿相和背散射电子图像显示（图 3.11b；图 3.11c），该类矿物多以粒状、叶片状、薄板状发育于方铅矿、黄铜矿中。矿物粒度一般为 50 ~ 100 μm，集合体可达 200 μm，背散射条件下颜色较方铅矿深。

　　硫银锡矿：又名黑硫银锡矿，为硫盐类矿物，呈不规则粒状、叶片状、薄板状发育于方铅矿中，粒度多在 10 ~ 20 μm，个别可达 50 μm。电子探针结果显示，除主元素 Ag、S、Sn 外，还有少量 As、Fe、Te、Se、Pb，Ag 含量为 67.29%，经计算其对应化学式为 $Ag_{6.2}Sn_{1.1}S_{5.9}$，与硫银锡矿吻合。

　　黄锡矿（Cu_2FeSnS_4）：黄锡矿在生产矿区较为常见，但粒度极细小，主要以不规则状显微包裹矿物产于方铅矿中（图 3.12；图 3.13）。黄锡矿在矿区首次发现，以往勘查资料中均未提及。一般认为黄锡矿是典型的热液成因矿物，因此黄锡矿的发现为该矿床的热液成因提供了重要信息，同时，黄锡矿作为矿区除锡石外另一重要的含锡矿物，也为矿区锡的回收利用提供了依据。

　　三方硫锡矿：主要呈包裹形式产于方铅矿中，与黄锡矿、银黝铜矿、银黝锑矿等共生（图 3.12）。

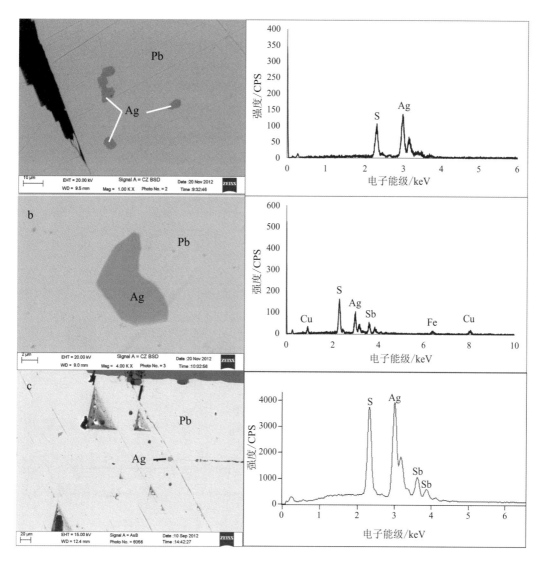

图 3.11　方铅矿中银矿物的背散射电子图像（左）及 X 射线能谱图（右）

a—辉银矿；b—银黝铜矿；c—深红银矿

2）氧化物及氢氧化物

石英（SiO_2）：石英是矿区最主要的脉石矿物，在矿区多期次流体活动中都有发育，其可表现为野外发现的多条石英大脉、石英细脉–网脉及浸染状硅化石英及蚀变岩体、蚀变地层中残留石英等。

金红石（TiO_2）：常呈浸染状分布于蚀变地层（图 3.14a）或蚀变岩体中。在蚀变岩体中常见金红石交代黑云母，常见金红石与黄铁矿共生或与锆石、磷灰石、稀土磷酸盐矿物等共生。图 3.14b 为金红石的 X 射线能谱图。

磁铁矿（Fe_3O_4）：主要发现于西区地表和钻孔岩心中。可见蚀变岩体中浸染状分布的磁铁矿及蚀变围岩中的石英–磁铁矿–绿帘石脉、石英–磁铁矿脉。在蚀变岩体中可见磁铁矿交代钛铁矿和赤铁矿交代磁铁矿现象。在蚀变黑云母二长花岗岩中见磁铁矿交代钛铁矿，或磁铁矿呈钛铁矿板状晶形的假象。

钛铁矿（$FeTiO_3$）：多见于蚀变较弱的黑云母二长花岗岩中，为岩体的副矿物，格状双晶发育（图 3.15a），常被磁铁矿交代，另外在蚀变钾长花岗岩中可见钛铁矿交代黑云母现象。

赤铁矿（Fe_2O_3）：在矿区内较为常见，主要表现为蚀变岩体或蚀变地层中交代磁铁矿（图 3.15b）或钛铁矿，或与绿帘石–石英–磁铁矿共生。

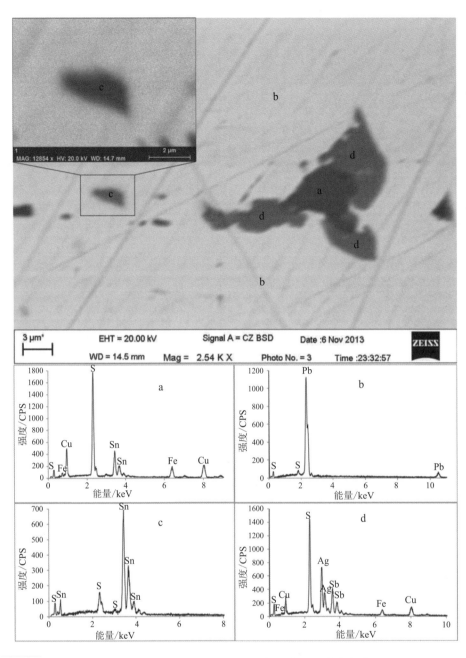

图 3.12 方铅矿中包裹矿物的背散射图像和 X 射线能谱图

a—黄锡矿；b—方铅矿；c—三方硫锡矿；d—银黝铜矿

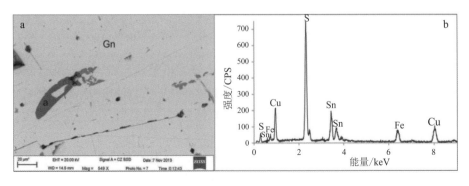

图 3.13 黄锡矿背散射图像和 X 射线能谱图

a—方铅矿中黄锡矿的背散射图像；b—黄锡矿的 X 射线能谱图；Gn—方铅矿

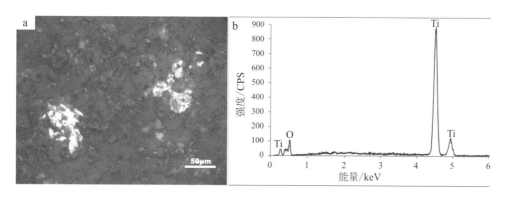

图 3.14　蚀变围岩中金红石的显微照片（a）及 X 射线能谱图（b）

褐铁矿（$Fe_2O_3 \cdot nH_2O$）：矿区地表大范围发育褐铁矿化，为原生含铁矿物风化产物，可见褐铁矿交代黄铁矿后呈黄铁矿假象（图 3.15c）。

砷铁矿 $Fe_3(AsO_4)_2 \cdot 8(H_2O)$：产于西区蚀变碎裂花岗岩中，呈自形晶（图 3.15d），切面形态近正方形，透明，具异常干涉色。

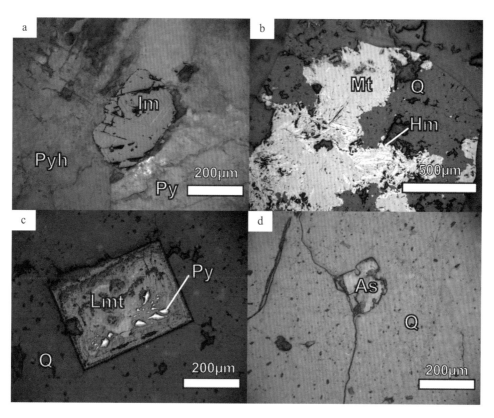

图 3.15　钛铁矿、赤铁矿、褐铁矿和砷铁矿的反光镜下照片
a—钛铁矿（正长偏光）；b—赤铁矿交代磁铁矿；c—褐铁矿交代黄铁矿后呈黄铁矿假象；d—石英中砷铁矿；Q—石英；Py—黄铁矿；Pyh—磁黄铁矿；Im—钛铁矿；Mt—磁铁矿；Hm—赤铁矿；Lmt—褐铁矿；As—砷铁矿

锡石（SnO_2）：矿区目前发现的锡石主要产于生产矿区矿石中，与方铅矿、闪锌矿等共生，呈自形柱状晶形。图 3.16a，3.16c 分别为与方铅矿共生锡石的背散射电子图像及 X 射线能谱图。

赤铜矿（Cu_2O）：赤铜矿在以往的勘查报告未提及。本次在矿相学和 SEM/EDS 分析基础上首次在矿区东区中部发现赤铜矿，其产于泥化期石英脉的石英粒间，常与黄钾铁矾、白铅矿、铜蓝、氯铜矿共生（图 3.16b），可见赤铜矿交代辉铜矿、铜蓝，表明赤铜矿为表生期产物。图 3.16b，3.16d 分

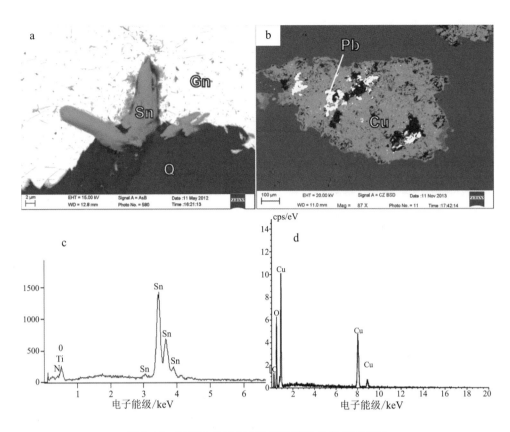

图 3.16　锡石和赤铜矿背散射图像及 X 射线能谱图

a—锡石的背散射图像；b—赤铜矿的背散射图像，其中含次生铅矿物（Pb）；

c—锡石的 X 射线能谱图；d—赤铜矿的 X 射线能谱图

别为赤铜矿的背散射电子图像及 X 射线能谱图。

3）含氧盐类

硅酸盐矿物：

钾长石：主要产于各种岩体和伟晶岩脉中，为主要造岩矿物，也可见蚀变的钾长石与石英、绿泥石等共生。

钠长石：主要见于西区蚀变岩体中，也可见于生产矿区南部，呈细脉状产出（图 3.17a），常见蚀变钾长花岗岩中钠长石交代钾长石现象（图 3.17b）。

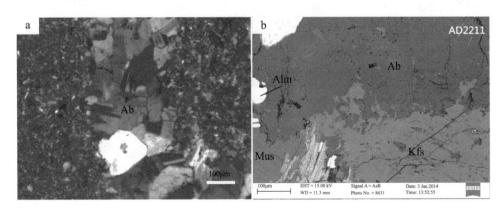

图 3.17　蚀变围岩中钠长石细脉

蚀变花岗岩中钠长石交代钾长石。a—显微镜下照片，透光，正交偏光；b—背散射电子照片

石榴子石：仅发现于西区云英岩化花岗岩中，与白云母共生（图 3.18）。X 射线能谱分析结果表明其为钙镁石榴子石。

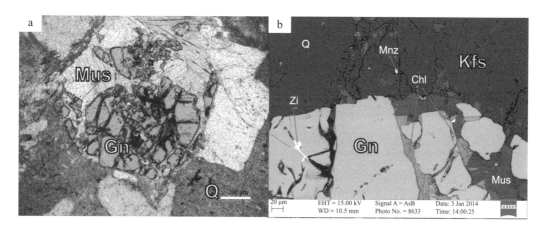

图 3.18　蚀变花岗岩中石榴子石和白云母的显微镜下（a）和背散射电子照片（b）

Mus—白云母；Gn—石榴子石；Mnz—独居石；Kfs—钾长石；Zr—锆石；Chl—绿泥石；Q—石英

锆石（$ZrSiO_4$）：主要产于蚀变岩体中，包括岩体中副矿物及成群分布的蚀变锆石（图 3.19）。锆石常呈自形柱状晶体，在碎裂花岗岩中可见碎裂锆石以及成群分布的与白云母共生的细小锆石。

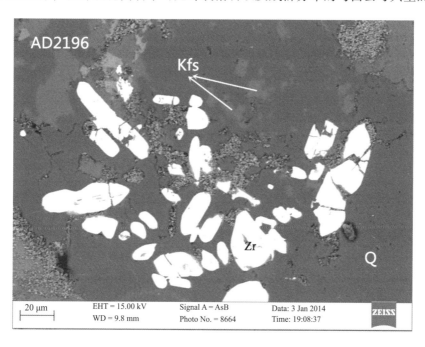

图 3.19　蚀变钾长花岗岩中成群分布的锆石背散射电子照片

Kfs—钾长石；Zr—锆石；Q—石英

白云母：白云母化（图 3.18）在西区北部最为发育，是云英岩化阶段的主要蚀变矿物，发育在云英岩化花岗岩和云英岩化地层中，可见白云母化与泥化、绢云母化叠加蚀变。

电气石：常呈自形柱状（图 3.20）、不规则状或呈放射状集合体发育于蚀变岩体和蚀变地层中，呈浸染状或细脉状。本次主要发现于西区的西北和西南。

绢云母：绢云母化在矿区不甚发育，仅在个别蚀变岩样品中见绢云母化叠加于白云母化之上。局部与硅化叠加形成绢英岩化，或与黄铁矿化、硅化一起形成黄铁绢英岩化。其矿物组合为绢云母 - 白云母、绢云母 - 石英、绢云母 - 石英 - 黄铁矿等。

图 3.20　电气石化钾长花岗岩的显微镜下照片（透射光，正交偏光）

绿帘石：绿帘石主要发育在西区，呈浸染状或脉状，可见磁铁矿－绿帘石脉或石英－绿帘石－磁铁矿（赤铁矿）脉。其矿物组合主要表现为磁铁矿、石英、绿帘石，少数含绿泥石和赤铁矿。

绿泥石：绿泥石化在勘查区内广泛发育。在生产矿区主要表现为受构造控制的脉状绿泥石化和蚀变围岩中浸染状绿泥石化，其与铅锌矿化、碳酸盐化密切相关。另外，在东区中部还见产于沸石脉壁的绿泥石（图 3.21a，图 3.21b）。在西区绿泥石也较常见，常与绿帘石化、硅化密切共生，可见硅化石英中呈蠕虫状的绿泥石或蚀变岩体中的浸染状绿泥石化。

沸石（柱沸石）：呈脉状产出，产于东区中部。晶体呈柱状，垂直脉壁生长（图 3.21a，图 3.21b），能谱显示其主要由 Ca、Al、Si、O 组成（图 3.21c）。

高岭石：呈鳞片状，结晶颗粒细小，主要为长石类矿化风化产物。

伊利石：在东区和西区均较发育，为泥化阶段的主要组成矿物，呈针状、片状与黄钾铁矾、石英等共生。呈补片状、细脉状产出，可见石英－伊利石脉，石英－伊利石－黄钾铁矾细脉。图 3.22 为泥化蚀变岩中针状伊利石的背散射电子图像。

碳酸盐矿物：

方解石（$CaCO_3$）：矿区碳酸盐化强烈，井下发现其产出形式主要有方解石脉、方解石－石英脉、方解石晶洞、方解石－萤石脉、方铅矿－闪锌矿－方解石脉和方解石－绿泥石脉等形式，另外，在多个钻孔中见晚期白色方解石脉。

含铁白云石（$(Ca，Mg，Fe)CO_3$）：为碳酸盐化阶段产物，常与石英构成石英－碳酸盐脉，由于含铁，风化后常呈褐黄色。

白铅矿（$PbCO_3$）：为次生铅矿物，常与黄钾铁矾共生，产于地表氧化矿石中，发现于西区西部和东区中部。

磷酸盐矿物：

磷灰石（$Ca_5[PO_4]_3$）：磷灰石常呈柱状存在于蚀变岩体中（图 3.23a），主要发育于西区。可呈黑云母二长花岗岩中的副矿物，其中可见黄铜矿包裹物。在蚀变钾长花岗岩中常呈蚀变矿物，与磷钇矿、独居石、锆石、金红石共生。SEM/EDS 和 EPMA 分析发现个别磷灰石中含银较高，应为其中超显微包裹银所致。

独居石（$(La，Ce)PO_4$）：独居石为矿区常见的磷酸盐矿物，主要产于西区蚀变岩体中，为蚀

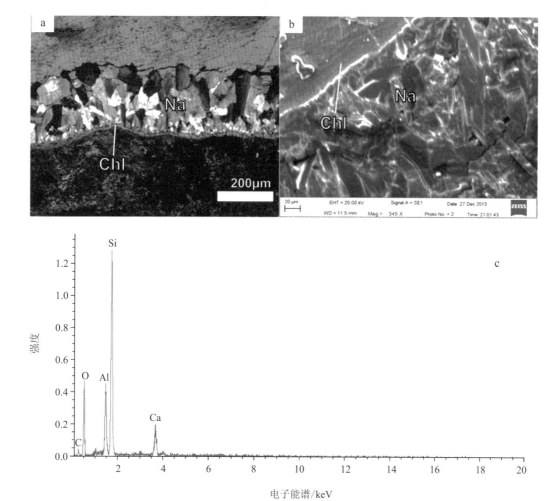

图 3.21　柱沸石的显微镜下、扫描电镜照片及 X 射线能谱图

a—显微镜下照片（透光，正交）；b—二次电子图像；c—X 射线能谱图；Na—柱沸石；Chl—绿泥石

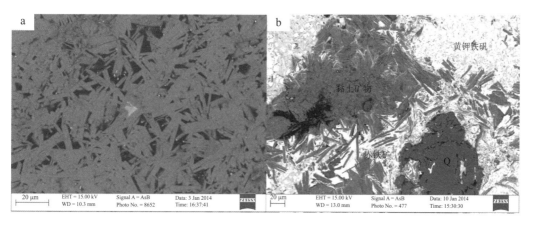

图 3.22　伊利石的背散射电子照片；Q - 石英

a—针状集合体；b—石英 - 伊利石 - 黄钾铁钒 - 赤铁矿细脉

变产物，常与磷钇矿、磷灰石、锆石共生（图 3.23b）。SEM/EDS 分析表明，独居石中常含银，个别含银较高，应为其中超显微包裹银所致。

磷钇矿（YPO_4）：相对于磷灰石和独居石含量低，主要产于西区蚀变钾长花岗岩中（图 3.23c），与云英岩化密切相关，为云英岩化蚀变产物。

水磷铝铅矿（$PbAl_3(PO_4)_2(OH)_5 \cdot H_2O$）：主要发现于西区地表，与黄钾铁矾共生，为原生含铅矿物（方铅矿）风化产物。图 3.23d 为与黄钾铁矾共生的水磷铝铅矿的背散射电子图像。

硫酸盐矿物：

黄钾铁矾 $KFe_3(SO_4)_2(OH)_6$：在矿区地表样品中普遍发育，单晶呈短柱状，常呈粒状集合体交代长石类矿物或产于泥化期石英脉的石英晶间，与伊利石、水磷铝铅矿等共生（图 3.23d）。从其产出特征及共生矿物看，其主要为泥化阶段产物，有些可能为黄铁矿风化产物。

平铁矾（$Fe_2(SO_4)(OH)_2 \cdot 13H_2O$）：在西区地表样品中普遍发育，与伊利石、黄钾铁矾等共生，为泥化阶段产物。

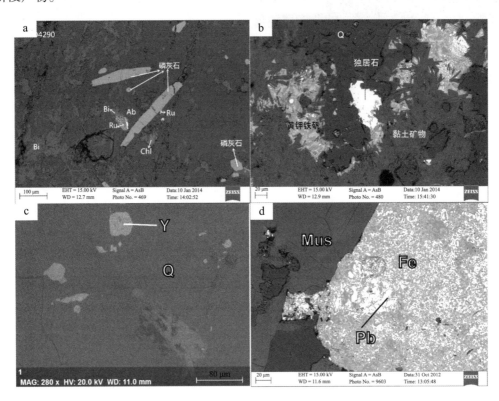

图 3.23　矿区主要磷酸盐矿物的背散射电子图像

a—蚀变岩体中柱状磷灰石；b—独居石；c—蚀变钾长花岗岩中磷钇矿；d—黄钾铁矾与伊利石、水磷铝铅矿共生

Q—石英；Mus—白云母；Y—磷钇矿；Fe—黄钾铁矾；Pb—水磷铝铅矿；Ab—钠长石；Chl—绿泥石；Ru—金红石；Bi—黑云母

卤化物：

萤石（CaF_2）：在生产矿区和西区蚀变岩体中均可见及。在西区蚀变岩体中可见与白云母共生的萤石，而生产矿区内萤石主要发育在井下破碎带中，常与方解石、绿泥石共生，颜色主要为紫色和绿色。

有机矿物：

沥青：本次研究发现，在个别钻孔岩心中可见细碳酸盐脉，其中含黑色角砾状物。EDS 显示其除 C 外尚可检测出少量 S 和 N，综合该矿物的镜下特征及 X 射线能谱分析，其应为有机矿物——沥青。沥青在以往的勘查报告中未提及，本次发现的沥青与方解石、硫化物等构成脉状（图 3.24a），其中的沥青呈角砾状（图 3.24b）或呈碎裂结构（图 3.24c）。显微镜下及扫描电镜发现沥青中常含细小的草莓状黄铁矿（图 3.24d）。沥青中和草莓状黄铁矿的发现预示其可为成矿贡献部分 S，另外，沥青是很好的还原剂，可改变流体的 E_h 值而造成矿质沉淀。

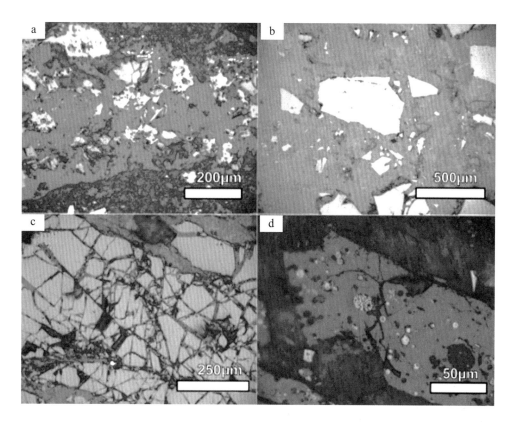

图 3.24 沥青及其中草莓状黄铁矿的显微镜下照片（反光，单偏光）

a—沥青 - 闪锌矿 - 碳酸盐脉；b—碳酸盐中角砾状沥青；c—沥青的碎裂结构；d—沥青中草莓状黄铁矿

3.2.3 矿区围岩蚀变特征

野外地质调查及蚀变岩样品的岩矿相分析表明，勘查区内（包括西区和东区）蚀变强烈，以云英岩化、青磐岩化、硅化、泥化和硫化物蚀变为主，并发育少量绢云母化、电气石化、萤石矿化等。其中铅锌矿化主要与绿泥石化、硅化关系密切。生产矿区内，硅化、萤石化相对较弱、分布范围局限，绿泥石化、黄铁矿化普遍发育，分布范围大。西区则以强云英岩化、绿帘石 - 磁铁矿化和泥化最为发育。综合野外和岩矿相分析结果，勘查区内蚀变类型主要包括如下几种：

1）铁锰氧化物矿化：蚀变的范围比较广泛，主要出现在矿化蚀变带地表，类似于褐铁帽、锰帽，为地表矿化氧化淋滤形成，由褐铁矿和锰的氧化物矿物组成，并沿破碎的岩石的节理、裂隙充填和染色。

2）黄铁矿化：勘查区东、西均可见黄铁矿化发育。主采区内黄铁矿化普遍发育，但强度不均。围岩中的黄铁矿化多呈粒度比较大的自形、半自形粒状分布，呈稀疏浸染状或不规则细脉状沿裂隙充填。主采区内黄铁矿常与方铅矿、闪锌矿共生，为同期产物。在地表氧化带常风化为褐铁矿。

3）毒砂化：生产矿区范围内毒砂普遍存在，主要呈浸染状或脉状分布于蚀变围岩中。

4）硅化：勘查区内的硅化局部较强，但总体表现为较弱的硅化，并与铅锌（银）矿化关系密切。强硅化主要发育于主采区井下、勘查区东侧和西侧。主采区内硅化主要表现为石英细脉、石英网脉和石英 - 萤石脉、石英 - 方解石脉等。

5）云英岩化：主要见于地表蚀变地层和蚀变岩体中，表现为泥质岩石的硅化 - 白云母化（图3.25a）、花岗质岩石的云英岩化等，在西区北部表现最为强烈。

6）钾硅酸盐化：主要发育于西区，表现为蚀变岩体中次生黑云母、浸染状磁铁矿化及钾长石化。局部见钾长石 - 石英伟晶岩脉。

7）电气石化：主要发现于西区地表，在西区南西部和北西部均可见及。电气石常呈细脉状、放射状产于蚀变花岗岩中（图3.25b）。

8）绿泥石化：是矿区较为发育的蚀变类型，特别是在生产矿区内绿泥石化普遍发育，与矿化关系密切，另外在西区也较发育（图3.25c），可表现为石英－绿泥石脉、绿泥石－碳酸盐脉、石英－绿泥石－硫化物脉、绿泥石－沸石脉或蚀变岩体中黑云母等暗色矿物的绿泥石化。

9）绿帘石化：主要见于勘查区西部地表及西区的钻井岩心中，常见石英－绿帘石－磁铁矿脉及黑云母二长岩中的浸染状绿帘石化。

10）萤石矿化：主要见于生产矿区井下，分布范围相对局限，主要表现为萤石脉、萤石石英脉和萤石碳酸盐脉。

11）绢云母化：主要发育于西区，特别是西区南部，表现为泥质岩石的绢云母化和蚀变岩体中斜长石的绢云母化。

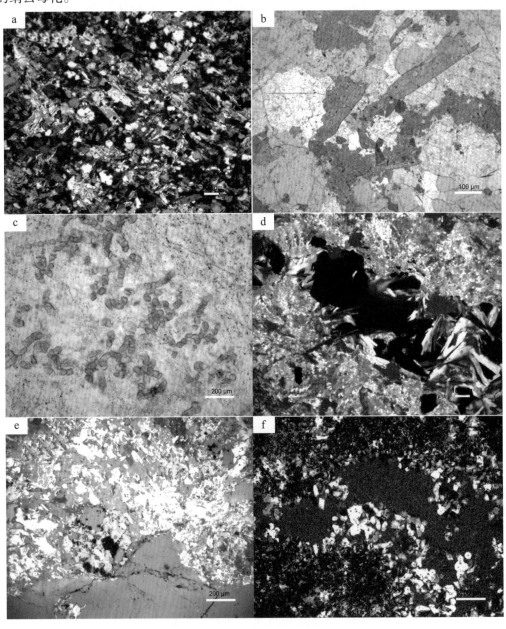

图3.25 矿区主要蚀变类型的显微镜下照片

a—云英岩化围岩；b—电气石化花岗岩；c—石英中蠕虫状绿泥石；d—碳酸盐化围岩中伊利石脉；

e—蚀变花岗岩中黏土矿化和黄钾铁矾化；f—蚀变地层中冰长石－玉髓脉

12）金红石化：在矿区普遍发育，常与云英岩化共生，或由岩体中黑云母蚀变而成，呈浸染状或不规模团状分布，常与黄铁矿共生。

13）碳酸盐化：包括方解石化和铁锰碳酸盐化，多呈不规则脉状和团块状分布。铁锰碳酸盐化一般出现在铅锌矿化带内，与矿化关系密切，是一种重要的近矿围岩蚀变。

14）黏土矿化：在西区和生产矿区均大面积分布，特别是西区北部和东区中部可见强泥化。其主要矿物组成为石英、伊利石、黄钾铁矾等（图3.25d，图3.25e）。在东区地表见有绿泥石-冰长石-黏土矿脉，脉壁为绿泥石，沸石矿物呈自形柱状近于垂直脉壁，其内为黏土矿物充填。

15）玉髓-冰长石化：发育于东区，表现为蚀变火山岩中不规则状玉髓-冰长石脉（图3.25f）。

3.3 矿区侵入岩的侵位序列和岩浆演化

3.3.1 矿区侵入岩的岩石学特征

生产矿区范围内岩浆活动较弱，未发现侵入岩出露，井下和钻孔岩心也未发现有侵入岩，但在勘查区的东部和西部出露大面积的中酸性侵入岩和火山岩。野外和室内研究发现，勘查区内出露的侵入岩具有多期侵入的特征，岩性包括钾长花岗岩、花岗斑岩、黑云母二长花岗岩、石英二长斑岩和细粒花岗岩等。侏罗纪火山岩，包括珍珠岩（发育于生产矿区东北部）、流纹岩（在生产矿区东北和中部可见）、安山岩和安山质碎斑熔岩、英安岩等。勘查区目前已知的矿化、蚀变主要与区内侵入岩有关，特别是区内浅成、超浅成侵入岩，如石英二长斑岩和细粒花岗岩。区内目前已发现的浅成侵入体主要分布于勘查区西区的北侧、西侧和南西侧，由于强烈的岩浆活动造成勘查区内大范围的热液蚀变。

钾长花岗岩：该岩体出露于勘查区北西侧，是矿区出露面积最大的岩体，岩石普遍发育蚀变，特别是矿区北部北西西向断裂处岩体发生强烈变形和蚀变，表现为云英岩化碎裂花岗岩。较为新鲜的岩体呈中-粗粒结构，块状构造，主要组成矿物为石英、钾长石等。

花岗斑岩：仅出露于西区西南侧和勘查区中部，呈定向小岩株或岩脉产出，是矿区除钾长花岗岩外出露面积最大的侵入岩。岩石呈灰白色-肉红色，斑状结构，块状构造，斑晶主要为石英、钾长石。主要矿物组成为钾长石、石英，暗色矿物含量较少（图3.26a），岩石常发育较为强烈的蚀变。

黑云母二长花岗岩：在勘查区地表未发现露头，仅在西区ZK3202和ZK01钻孔中见及。岩相学观察表明，该套岩石为似斑状-不等粒结构（图3.26b），块状构造，主要矿物组合包括：斜长石、钾长石、石英、黑云母和少量角闪石，副矿物为钛铁矿和磁铁矿。岩石总体蚀变较弱，局部可见绿泥石化、绿帘石化、磁铁矿化、磁黄铁矿化、黄铁矿和黄铜矿化蚀变，局部见闪锌矿化。

石英二长斑岩：出露于勘查区西北部和中部，肉眼观察岩石呈暗灰色，斑状结构、块状构造。斑晶主要为斜长石，角闪石，黑云母和钾长石，少量石英斑晶，基质隐晶（图3.26c）。岩石蚀变强烈，主要表现为长石的绢云母化、白云母化和黏土矿化，角闪石的绿泥石、碳酸盐化等，黑云母的绿泥石化。

细粒花岗岩：目前发现的细粒花岗岩主要出露于勘查区西侧，岩石呈灰白色，似斑状-细粒结构（图3.26d），块状构造。斑晶主要为石英和钾长石，少量黑云母，基质细粒，主要矿物组成为石英、钾长石，黑云母等。岩石普遍发生硅化、白云母化、金红石化和硫化物矿化，局部有绿泥石化。

3.3.2 矿区侵入岩的年代学研究

（1）测试方法

样品主要采自勘查区西部和西北部两地。锆石单矿物挑选在河北廊坊区调研究所实验室利用标准技术分选完成。锆石的制靶工作和阴极发光照相在澳大利亚Jame Cook大学高级分析中心完成。本次

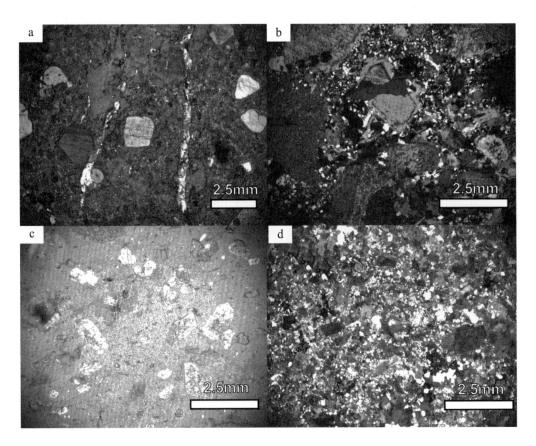

图 3.26 矿区出露侵入岩的显微镜下照片

a—花岗斑岩（正交）；b—黑云母二长花岗岩（正交）；c—石英二长斑岩（单偏光）；d—细粒花岗岩（正交）

研究主要挑选颗粒较大、晶形完好的锆石制靶，制靶后样品采用阴极发光对锆石内部结构进行分析。阴极发光（CL）图像是揭示锆石内部结构的有效手段（裴先治等，2007），为合理解释所测微区原位年龄提供依据。图 3.27，图 3.28，图 3.29，图 3.30 分别为钾长花岗岩、花岗斑岩、石英二长斑岩和细粒花岗岩中锆石的 CL 图像。锆石的微区原位 U – Pb 年龄测定在澳大利亚 James Cook 大学高级测试中心和澳大利亚塔斯马尼亚大学矿床研究中心（CODES）采用激光剥蚀电感耦合等离子体质谱（LA – ICP – MS）技术完成。测试时室温为 20℃，相对湿度 30%，仪器型号及测试参数详见 Yuan 等（2008）。测试采用 He 作为剥蚀物质的载气，激光束斑直径为 30 μm，剥蚀深度为 20 ~ 40 μm。采用 GJ – 1 为标准锆石校正同位素分馏。每 5 ~ 10 个样品测点前后各测标样一次。锆石中微量元素含量分析以 Si 作为内标元素，参考物质以美国国家标准技术研究院人工合成硅酸盐玻璃 NIST SRM610 为标

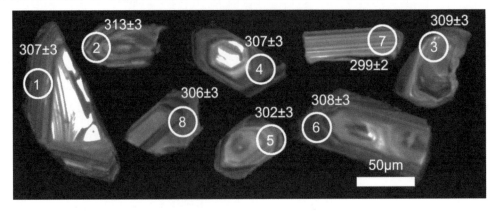

图 3.27 碎裂钾长花岗岩中锆石的 CL 图像及单点 U – Pb 年龄/Ma

准，每10个测点前后各测标样一次。ICP – MS 数据处理计算采用 GLITTER（Version4.0，Maequarie University）软件进行，普通 Pb 校正采用 Andersen（2002）提出的方法进行，年龄计算及作图采用 Isoplot（Ver 3.70）（2008）和 Baker et al.，（2004）完成。

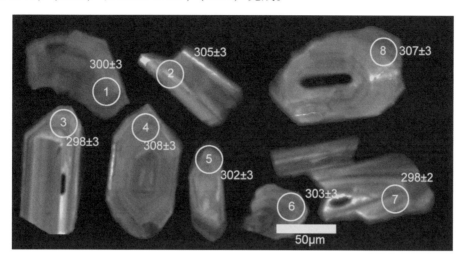

图 3.28　花岗斑岩中锆石 CL 图像及单点 U – Pb 年龄/Ma

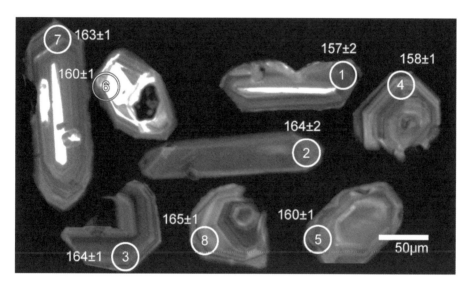

图 3.29　石英二长斑岩中锆石 CL 图像及单点 U – Pb 年龄/Ma

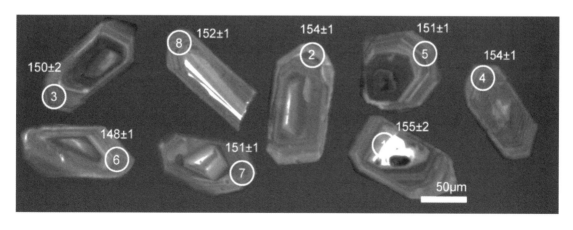

图 3.30　细粒花岗岩中锆石 CL 图像及单点 U – Pb 年龄/Ma

（2）定年结果

表 3.3 为锆石 U-Pb 定年结果。结果表明，碎裂钾长花岗岩中 8 个分析点 ^{206}Pb/^{238}U 年龄为 299~313 Ma，加权平均值为 305.4±4 Ma（MSWD=3.0）（图 3.31）；花岗斑岩中 8 个分析点 ^{206}Pb/^{238}U 年龄为 298~307Ma，加权平均值为 305.4±2.9Ma（1.2）（图 3.31）；石英二长斑岩中，8 个分析点 ^{206}Pb/^{238}U 年龄为 157~165 Ma，加权平均值为 161.6±2.3 Ma（MSWD=6.3），谐和线上交点年龄为 159.2±5.1 Ma（MSWD=3.1）（图 3.31）；细粒花岗岩中 8 个分析点 ^{206}Pb/^{238}U 年龄范围为 148~155 Ma，加权平均值为 151.9±1.9 Ma，谐和线上交点年龄为 152.4±2.6 Ma（MSWD=2.4）（图 3.31）。从矿区出露的侵入岩年龄结果可以看出，矿区存在两期岩浆事件，分别为华力西期（约 300 Ma 左右）和燕山期（在 145~161 Ma 左右）。黑云母二长花岗岩中 16 个分析点 ^{207}Pb/^{206}Pb 年龄为 145~158 Ma，加权平均值为 154.0 Ma，谐和线上交点年龄为 154.0±1.2 Ma（MSWD=0.78）（图 3.32）。

表 3.3 勘查区主要侵入岩的锆石 U-Pb 定年分析结果

测点号	同位素比值						普通铅校正后年龄/Ma					
	^{207}Pb/^{206}Pb		^{207}Pb/^{235}U		^{206}Pb/^{238}U		^{207}Pb/^{206}Pb *		^{207}Pb/^{235}U		^{206}Pb/^{238}U	
	比值	±1σ	比值	±1σ	比值	±1σ	Ma	±1σ	Ma	±1σ	Ma	±1σ
花岗斑岩												
A-01	0.05365	0.00103	0.35188	0.00631	0.04757	0.00044	356	24	306	5	300	3
A-02	0.05177	0.00094	0.34566	0.00584	0.04843	0.00043	275	23	301	4	305	3
A-03	0.05466	0.0013	0.35627	0.00804	0.04727	0.00047	398	33	309	6	298	3
A-04	0.05285	0.00102	0.35627	0.00636	0.0489	0.00045	322	24	309	5	308	3
A-05	0.05744	0.00156	0.37965	0.00986	0.04795	0.00049	508	39	327	7	302	3
A-06	0.05384	0.00086	0.3574	0.0052	0.04816	0.00041	364	18	310	4	303	3
A-07	0.05688	0.00087	0.37155	0.00517	0.04738	0.0004	487	17	321	4	298	2
A-08	0.05371	0.0013	0.36133	0.00835	0.04881	0.00048	359	34	313	6	307	3
碎裂钾长花岗岩												
B-01	0.05394	0.00076	0.36214	0.00462	0.0487	0.00042	369	14	314	3	307	3
B-02	0.05681	0.00077	0.39025	0.00472	0.04983	0.00042	484	13	335	3	313	3
B-03	0.06894	0.00113	0.46689	0.00724	0.04913	0.00047	897	17	389	5	309	3
B-04	0.05658	0.00081	0.38092	0.00496	0.04884	0.0003	475	14	328	4	307	3
B-05	0.066	0.00094	0.43651	0.00572	0.04798	0.00043	806	14	368	4	302	3
B-06	0.0683	0.0011	0.46085	0.00693	0.04895	0.00046	878	16	385	5	308	3
B-07	0.06636	0.00089	0.43395	0.00518	0.04743	0.0004	818	12	366	4	299	2
B-08	0.0714	0.00115	0.47847	0.00718	0.04861	0.00045	969	16	397	5	306	3
石英二长斑岩												
C-01	0.04893	0.00125	0.16679	0.00409	0.02473	0.00025	144	39	157	4	157	2
C-02	0.05193	0.00126	0.18484	0.00424	0.02582	0.00025	282	35	172	4	164	2
C-03	0.05641	0.001	0.19975	0.00327	0.02569	0.00023	469	21	185	3	164	1
C-04	0.04605	0.00186	0.15775	0.00625	0.02485	0.00021	86		149	5	158	1
C-05	0.04605	0.00265	0.15975	0.0091	0.02516	0.0002	125		150	8	160	1
C-06	0.05697	0.00105	0.19797	0.00336	0.02521	0.00022	490	22	183	3	160	1
C-07	0.05362	0.00093	0.18873	0.003	0.02553	0.00022	355	21	176	3	163	1

测点号	同位素比值						普通铅校正后年龄/Ma					
	$^{207}Pb/^{206}Pb$		$^{207}Pb/^{235}U$		$^{206}Pb/^{238}U$		$^{207}Pb/^{206}Pb^{*}$		$^{207}Pb/^{235}U$		$^{206}Pb/^{238}U$	
	比值	$\pm 1\sigma$	比值	$\pm 1\sigma$	比值	$\pm 1\sigma$	Ma	$\pm 1\sigma$	Ma	$\pm 1\sigma$	Ma	$\pm 1\sigma$
C-08	0.05054	0.00078	0.18063	0.00252	0.02593	0.00022	220	17	169	2	165	1
细粒花岗岩												
D-01	0.04885	0.00128	0.16421	0.00413	0.02439	0.00024	141	40	154	4	155	2
D-02	0.05501	0.00095	0.18306	0.00294	0.02414	0.00022	413	20	171	3	154	1
D-03	0.05501	0.00117	0.17912	0.00369	0.02362	0.00025	413	27	167	3	150	2
D-04	0.05136	0.00079	0.17158	0.00245	0.02423	0.00022	257	17	161	2	154	1
D-05	0.05739	0.00084	0.18756	0.00246	0.02371	0.0002	507	15	175	2	151	1
D-06	0.05515	0.00092	0.17654	0.00275	0.02322	0.00021	418	19	165	2	148	1
D-07	0.04605	0.00494	0.15028	0.01605	0.02367	0.00022		216	142	14	151	1
D-08	0.04605	0.00745	0.15184	0.02452	0.02392	0.00023		285	144	22	152	1
黑云母二长花岗岩												
E-01	0.02345	0.02362	0.00789	0.03581	0.07144	0.07062	149	4	159	6	145	4
E-02	0.02351	0.02139	0.00769	0.03097	0.05070	0.06583	150	3	155	5	149	3
E-03	0.02393	0.02410	0.00762	0.02700	0.05271	0.07238	152	4	153	4	152	4
E-04	0.02402	0.02005	0.00750	0.03105	0.04355	0.06142	153	3	151	5	153	3
E-05	0.02407	0.01127	0.00772	0.01686	0.04888	0.02407	153	2	155	3	153	2
E-06	0.02410	0.02336	0.00761	0.03798	0.04827	0.05683	154	4	153	5	154	4
E-07	0.02420	0.01171	0.00758	0.02537	0.05157	0.02438	154	2	153	4	154	2
E-08	0.02416	0.02111	0.00750	0.03613	0.04571	0.05956	154	3	151	5	154	3
E-09	0.02423	0.00916	0.00795	0.01635	0.04986	0.01723	154	1	160	3	154	1
E-10	0.02427	0.02133	0.00761	0.04016	0.04993	0.07099	155	3	153	6	154	3
E-11	0.02433	0.01166	0.00765	0.02115	0.04942	0.02976	155	2	154	3	155	2
E-12	0.02435	0.01600	0.00735	0.02320	0.04835	0.04050	155	2	148	3	155	2
E-13	0.02455	0.01584	0.00782	0.02331	0.05364	0.03994	156	2	157	4	155	2
E-14	0.02457	0.02119	0.00761	0.02797	0.05257	0.06002	156	3	153	4	156	3
E-15	0.02472	0.01674	0.00775	0.02814	0.05057	0.04377	157	3	156	4	157	3
E-16	0.02486	0.02764	0.00764	0.03107	0.04765	0.07382	158	4	154	5	158	4

3.3.3 矿区侵入岩的岩石化学特征

（1）样品采集及分析方法

由于矿区华力西期钾长花岗岩和花岗斑岩均已发生强烈蚀变，因此其岩石化学分析受蚀变影响较大，故本次仅对燕山期蚀变较弱的细粒花岗岩、石英二长斑岩和黑云母二长花岗岩进行了岩石化学分析，包括主量元素、微量和稀土元素地球化学分析。细粒花岗岩和石英二长斑岩样品均采自西区野外地表，黑云母二长花岗岩采自钻孔 ZK3202；岩石总体新鲜，经过清洗，并且用岩石切割机切去表面风化和蚀变部分，细粒花岗岩、石英二长斑岩和黑云母二长花岗岩各挑选 5 个样品进行测试。主量、

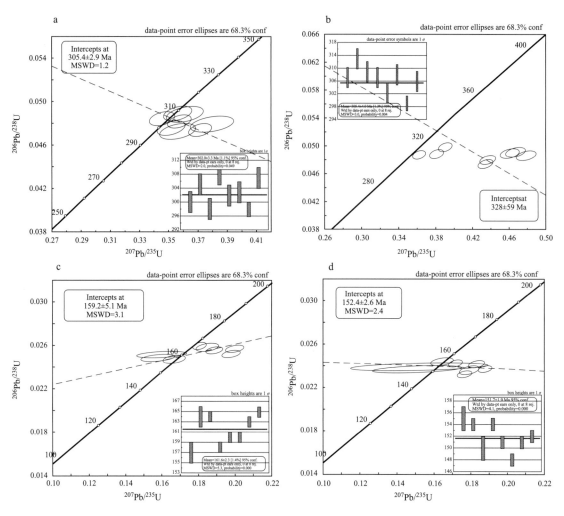

图 3.31 矿区地表出露的主要侵入岩的锆石 U–Pb 年龄谐和图及加权平均年龄图

a—碎裂钾长花岗岩；b—花岗斑岩；c—石英二长斑岩；d—细粒花岗岩

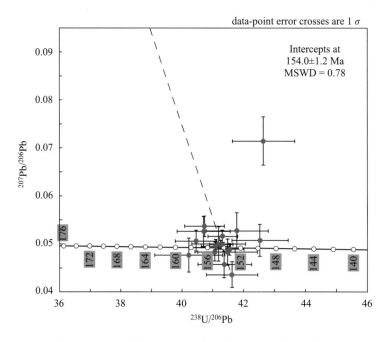

图 3.32 矿区斑状黑云母二花岗岩锆石 U–Pb 年龄谐和图

微量和稀土元素分析结果见表3.4和表3.5。

岩石主量、微量和稀土元素分析由北京市核工业北京地质研究院实验室完成。测试依据 GB/T14506.28 - 93 硅酸盐岩石化学分析方法和 DZ/T0223 - 2001 电感耦合等离子体质谱（ICP - MS）方法通则进行，主量元素分析使用 Philips PW2404 型 X 荧光光谱仪（XRF）完成，分析精度优于1%；微量元素分析使用 Finnigan MAT Element I 型电感耦合等离子体质谱仪（ICP - MS）完成，分析精度多小于3%。表3.4和表3.5为岩石化学分析结果。

表3.4 阿尔哈达勘查区主要侵入岩的主量元素分析结果（w_B/%）

样号	岩性	SiO₂	Al₂O₃	Fe₂O₃	MgO	CaO	Na₂O	K₂O	MnO	TiO₂	P₂O₅
AD2231a	细粒花岗岩	75.23	12.95	0.98	0.35	0.48	4.00	4.17	0.04	0.24	0.07
AD2231b	细粒花岗岩	75.23	12.55	0.95	0.35	0.51	4.04	4.41	0.05	0.25	0.07
AD2231c	细粒花岗岩	75.39	12.76	1.00	0.36	0.51	3.99	4.20	0.05	0.23	0.07
AD2231d	细粒花岗岩	75.51	12.59	1.04	0.35	0.52	3.84	4.46	0.05	0.26	0.09
AD2231e	细粒花岗岩	75.35	12.89	0.99	0.37	0.52	4.06	4.19	0.04	0.25	0.08
AD2191a	石英二长斑岩	71.48	14.12	0.57	0.76	0.50	3.39	4.95	0.16	0.39	0.12
AD2191b	石英二长斑岩	71.56	14.21	0.37	0.69	0.46	3.48	5.06	0.14	0.37	0.12
AD2191c	石英二长斑岩	71.74	14.18	0.58	0.64	0.36	3.47	5.09	0.13	0.39	0.12
AD2191d	石英二长斑岩	71.39	14.20	0.62	0.78	0.39	3.43	4.98	0.16	0.37	0.12
AD2191e	石英二长斑岩	71.44	14.30	0.64	0.66	0.48	3.55	5.13	0.14	0.37	0.11
AD4029 - 1	黑云母二长斑岩	69.81	14.79	0.63	0.73	1.84	3.92	4.43	0.07	0.43	0.14
AD4029 - 2	黑云母二长花岗岩	69.81	14.41	0.61	0.79	1.90	3.98	4.07	0.08	0.46	0.15
AD4029 - 3	黑云母二长花岗岩	70.01	14.32	0.85	0.73	1.85	3.93	3.97	0.08	0.44	0.15
AD4029 - 4	黑云母二长花岗岩	69.63	14.51	0.57	0.81	2.02	4.10	3.77	0.08	0.49	0.16
AD4029 - 5	黑云母二长花岗岩	69.66	14.48	0.64	0.78	1.95	4.12	3.97	0.08	0.46	0.15

样号	岩性	烧失量	FeO	F	total	碱值	AR	A/CNK	A/NK	SI	FL	MF
AD2231a	细粒花岗岩	0.97	0.50	0.00	99.9900	0.63	4.11	1.08	1.17	3.52	94.41	80.82
AD2231b	细粒花岗岩	1.04	0.53	0.00	99.9990	0.67	4.67	1.01	1.10	3.41	94.30	80.83
AD2231c	细粒花岗岩	0.88	0.55	0.00	99.9991	0.64	4.23	1.06	1.15	3.59	94.18	81.00
AD2231d	细粒花岗岩	0.76	0.53	0.00	99.9992	0.66	4.46	1.04	1.13	3.40	94.14	81.90
AD2231e	细粒花岗岩	0.75	0.50	0.00	99.9992	0.64	4.20	1.06	1.15	3.66	94.08	80.15
AD2191a	石英二长斑岩	1.42	2.14	0.00	99.9985	0.59	3.66	1.19	1.29	6.45	94.36	78.05
AD2191b	石英二长斑岩	1.55	1.99	0.00	99.9990	0.60	3.79	1.18	1.27	5.94	94.91	77.40
AD2191c	石英二长斑岩	1.55	1.73	0.00	99.9986	0.60	3.86	1.19	1.26	5.59	95.94	78.23
AD2191d	石英二长斑岩	1.45	2.11	0.00	99.9984	0.59	3.72	1.21	1.29	6.57	95.54	77.66
AD2191e	石英二长斑岩	1.46	1.70	0.00	99.9986	0.61	3.84	1.16	1.25	5.67	94.74	77.97
AD4029 - 1	黑云母二长花岗岩	0.27	2.94	0.00	99.9978	0.56	3.02	1.01	1.31	5.75	81.97	83.09
AD4029 - 2	黑云母二长花岗岩	0.18	3.56	0.00	99.9975	0.56	2.95	1.00	1.32	6.11	80.91	84.00
AD4029 - 3	黑云母二长花岗岩	0.19	3.49	0.00	99.9966	0.55	2.91	1.01	1.33	5.63	81.03	85.62
AD4029 - 4	黑云母二长花岗岩	0.18	3.69	0.00	99.9976	0.54	2.81	1.00	1.34	6.27	79.57	83.99
AD4029 - 5	黑云母二长花岗岩	0.34	3.38	0.00	99.9975	0.56	2.94	0.99	1.31	6.03	80.58	83.80

表 3.5　阿尔哈达勘查区燕山期主要侵入岩的稀土和微量元素分析结果（$w_B/10^{-6}$）

岩性	黑云母二长花岗岩					细粒花岗岩					石英二长斑岩				
样品原号	AD40 29-1	AD40 29-2	AD40 29-3	AD40 29-4	AD40 29-5	AD22 31a	AD22 31b	AD22 31c	AD22 31d	AD22 31e	AD21 91a	AD21 91b	AD21 91c	AD21 91d	AD21 91e
Li	50.5	49.4	50.3	59.6	48.8	27.6	29.1	31	31.4	25.5	30.9	28.9	28.9	30.4	25.6
Be	5.52	5.53	5.35	6.61	5.45	9.43	10.8	11.3	10.2	9.99	2.58	2.17	1.98	1.85	2.04
Sc	9.7	10.3	9.41	11.5	9.87	9.37	7.93	8.45	7.99	7.91	6.13	5.83	5.42	5.69	5.53
V	37.5	37.7	34.6	42.7	38.8	13.5	14.3	14.1	14.3	13	22.9	22.2	22.1	21.7	22.3
Cr	10.1	10.9	11.1	9.9	9.48	91.4	62.4	100	73.2	74.9	92.7	98.1	74.1	77.8	95.1
Co	3.67	3.93	4.2	4.93	3.85	1.69	1.74	1.72	1.63	1.64	1.19	1	0.982	0.955	1.21
Ni	4.71	4.71	5.2	4.25	4.45	2.84	3.02	3.15	2.59	2.48	3.71	3.39	2.87	3.16	3.23
Cu	22.3	28.6	24.6	29	28.1	1.66	1.98	1.77	1.72	1.8	20.9	18.1	20.8	16.1	24.7
Zn	43.7	38.9	35.8	38.8	37.6	191	165	166	150	154	457	406	437	346	476
Ga	21.4	21	21.1	24.3	20.5	21.5	21.4	21.7	21	21.2	20	19.5	18.4	19.3	18.6
Rb	198	181	175	184	182	311	321	324	317	311	235	230	222	218	220
Sr	235	211	212	228	232	64.4	55.3	59.9	53.4	64.2	86.2	90	86.2	85.2	89.9
Y	32.2	33.4	32.4	38.9	32	30.9	30	30.9	28.4	28.6	26.6	23.8	21.3	22.9	24.4
Nb	19.6	21.5	20.4	25.4	22.2	36.4	23.4	24.6	22.8	23.6	17.1	16.6	15.4	15.8	15.1
Mo	8.51	11.1	11.7	1.83	8.02	0.928	0.789	0.822	0.779	0.68	1.42	1.23	1.24	1.04	1.36
Cd	0.091	0.209	0.209	0.22	0.412	0.072	0.049	0.076	0.053	0.049	0.238	0.168	0.277	0.155	0.287
In	0.046	0.019	0.04	0.043	0.031	0.022	0.02	0.02	0.02	0.021	0.02	0.03	0.024	0.022	0.023
Sb	0.467	1.84	0.62	0.298	0.618	0.392	0.423	0.534	0.587	0.474	1.85	1.88	1.93	1.87	2.07
Cs	12.4	11.9	11.8	13.4	11.1	11.1	15.4	19.3	13.5	13.9	8.96	9.16	8.68	9.02	8.91
Ba	677	538	532	533	515	189	173	182	182	176	611	649	624	638	606
La	47.3	46.8	42.7	44.4	32.7	43.1	34.7	32.5	32.2	35.5	44.4	40.9	30.6	43.6	55
Ce	90.2	91.5	83.6	87.3	69.1	72.7	59.7	54.5	56.1	61.4	57.3	59	49.2	44.4	61.7
Pr	10.7	11.2	10.5	11.3	8.88	8.09	7.06	6.78	6.87	7.27	10.4	10	7.54	10.2	12.9
Nd	40.7	42.8	41.1	44.8	35.5	29.3	26.1	24.2	25.5	26.7	37.3	38.1	28.5	37.5	43.3
Sm	8.26	8.66	8.22	9.45	7.83	6.2	5.74	5.42	5.7	5.89	7.47	7.23	5.57	6.9	8.8
Eu	1.43	1.24	1.22	1.41	1.46	0.496	0.468	0.464	0.444	0.523	0.993	0.987	0.809	0.875	1.27
Gd	6.83	6.97	6.69	7.51	6.41	5.16	4.78	4.5	4.66	4.89	5.64	5.34	4.17	4.96	6.39
Tb	1.12	1.21	1.17	1.33	1.14	1.01	0.989	0.969	0.985	1.01	1.08	1.03	0.829	0.939	1.17
Dy	5.86	6.07	6.2	6.98	5.94	5.35	5.56	5.59	5.47	5.52	5.62	5.15	4.48	4.79	5.59
Ho	1.17	1.19	1.21	1.37	1.19	0.938	1	1.04	0.982	0.974	1.01	0.923	0.818	0.873	0.962
Er	3.16	3.19	3.3	3.64	3.24	2.8	3.16	3.27	3.04	2.97	3.12	2.82	2.56	2.73	2.89
Tm	0.576	0.591	0.62	0.69	0.607	0.53	0.611	0.639	0.58	0.571	0.567	0.516	0.467	0.501	0.501
Yb	3.55	3.8	3.97	4.35	3.8	3.86	4.4	4.66	4.19	4.12	3.88	3.5	3.21	3.45	3.36
Lu	0.508	0.522	0.545	0.612	0.516	0.629	0.738	0.767	0.685	0.683	0.588	0.534	0.497	0.534	0.514
Ta	1.91	2.18	2.24	2.41	2.4	6.21	2.81	3.32	2.93	4.1	1.66	1.36	1.28	1.29	1.26
W	3.07	6.37	5.96	7.09	5.6	10.8	7.76	11.3	8.37	9.4	9.94	10.3	7.98	8.7	9.28
Re	0.007	0.011	0.008	0.013	0.007	0.007	0.007	0.007	0.007	0.006	0.006	0.005	0.005	0.005	0.006
Tl	1.3	1.24	1.24	1.29	1.18	1.82	1.76	1.8	1.75	1.75	2.58	2.57	2.61	2.57	2.5
Pb	19.9	104	19.8	19.7	19.7	34.9	32.3	32.8	30.4	36.5	741	644	676	570	869
Bi	0.456	0.866	1.55	0.463	0.521	0.487	0.547	0.68	0.504	0.54	0.849	0.836	1.02	0.737	1.09
Th	15.7	18.3	20.1	21.7	18.6	28.9	28	28.6	25.4	30.1	18.3	17	16.7	16.7	16.1
U	6.63	12.9	8.42	9.08	7.83	3.22	4.12	3.96	3.42	3.2	3.4	2.99	3.18	3.12	3.16
Zr	105	105	99.4	125	93.6	119	123	116	105	130	146	146	137	154	127
Hf	3.96	4.25	4.17	4.67	3.87	5.09	4.94	5.16	4.41	5.64	4.96	4.76	4.56	4.81	4.24

（2）主量元素结果

细粒花岗岩：SiO_2 含量为 75.23% ～75.51%，均值 75.34%，Al_2O_3 含量为 12.55% ～12.95%，均值 12.75%，（$K_2O + Na_2O$）为 8.17% ～8.45%，均值 8.28%，（K_2O）/（Na_2O）为 1.03 ～1.16，均值 1.07，铝饱和指数 $A/CNK = 1.01 ～1.08$，$A/NK = 1.10 ～1.17$，属于过铝质岩石（图 3.33）。长英指数 FL = 94.08 ～94.41，镁铁指数 MF = 80.15 ～81.90。在 $R_1 - R_2$ 图解中落于晚造山到非造山花岗岩之间。

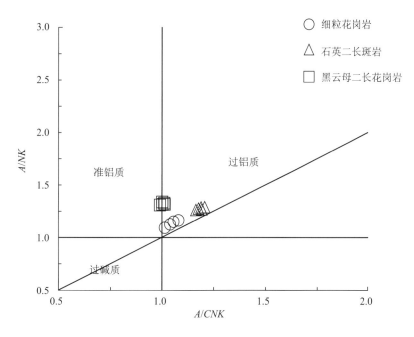

图 3.33　阿尔哈达矿区 A/CNK，A/NK 图解

（底图据 Mania 等，1989）

石英二长斑岩：SiO_2 含量为 71.39% ～71.56%，均值为 71.51%，Al_2O_3 含量为 14.12% ～14.30%，均值 14.20%，$K_2O + Na_2O$ 为 8.25% ～8.66%，均值 8.51%，K_2O/Na_2O 为 1.45 ～1.47，均值 1.46，铝饱和指数 $A/CNK = 1.16 ～1.21$，$A/NK = 1.25 ～1.29$，属于过铝质岩石（图 3.33）。长英指数 FL = 94.36 ～95.94，镁铁指数 MF = 77.40 ～78.23。其 SiO_2 含量偏高的原因可能是由于蚀变造成。

黑云母二长花岗岩：SiO_2 含量为 69.63% ～70.01%，均值 69.78%，Al_2O_3 含量为 14.32% ～14.79%，均值 14.50%，$K_2O + Na_2O$ 为 7.87% ～8.35%，均值 8.05%，K_2O/Na_2O 为 0.94 ～1.13，均值 1.01，铝饱和指数 $A/CNK = 0.99 ～1.01$，$A/NK = 1.31 ～1.34$，属于准铝质 – 过铝质岩石（图 3.33）。长英指数 FL = 79.57 ～81.97，镁铁指数 MF = 83.09 ～85.62。

在花岗岩的全碱 – 硅图解中，黑云母二长花岗岩落在花岗岩与花岗闪长岩之间，二长花岗斑岩和细粒花岗岩落于花岗岩区域，三者均位于亚碱性区域（图 3.34）。岩石化学结果表明，燕山期侵入岩具有高硅、较高的 $K_2O + Na_2O$，因此在 $SiO_2 - AR$ 图解中落于碱性区域（图 3.35）。

（3）稀土元素及微量元素分析

细粒花岗岩：稀土元素总量为 145.30×10^{-6} ～180.16×10^{-6}，均值 157.18×10^{-6}，$\sum LREE/\sum HREE = 5.78 ～7.89$，平均 6.55，（$La/Yb$）$_N = 4.71 ～7.55$，平均 5.72，稀土元素球粒陨石标准化分布模式呈明显的右倾型，轻稀土元素相对富集，重稀土元素相对亏损，$\delta Eu = 0.26 ～0.29$，显示明显的 Eu 负异常（图 3.36a）。细粒花岗岩微量元素原始地幔标准化蛛网图显示（图 3.36b），其富集大离子亲石元素 Rb、Th、轻稀土元素和 Pb，相对亏损 Ba 和 Sr。

石英二长斑岩：稀土元素总量为 139.25×10^{-6} ～204.35×10^{-6}，均值 172.25×10^{-6}，$\sum LREE/$

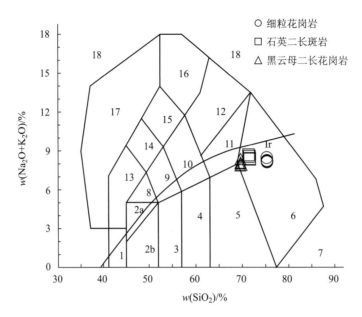

图 3.34　阿尔哈达矿区岩浆岩全碱 – 硅（TAS）图解

（底图据 Middlemost，1994，绘图使用路远发编制的 geokit 软件 2010 版完成）

Ir – Irvine 分界线，上方为碱性，下方为亚碱性。深成岩：1—橄榄辉长岩；2b—亚碱性辉长岩；3—辉长闪长岩；4—闪长岩；5—花岗闪长岩；6—花岗岩；7—硅英岩；8—二长辉长岩；9—二长闪长岩；10—二长岩；11—石英二长岩；12—正长岩；13—副长石辉长岩；14—副长石二长闪长岩；15—副长石二长正长岩；16—副长正长岩；17—副长深成岩；18—霓方钠岩/磷霞岩/粗白榴岩

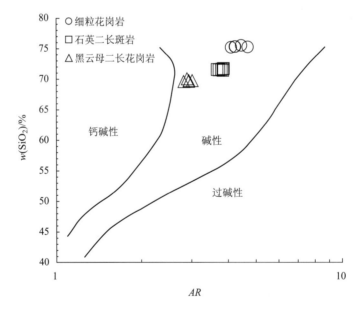

图 3.35　阿尔哈达矿区岩浆岩亚碱性 SiO₂ – AR 判别图解

（底图据 Wright，1969）

碱度率 $AR = [Al_2O_3 + CaO + (Na_2O + K_2O)] / [Al_2O_3 + CaO - (Na_2O + K_2O)]$，

当 $SiO_2 > 50\%$，K_2O/Na_2O 大于 1 而小于 2.5 时，$Na_2O + K_2O = 2Na_2O$

$\sum HREE = 7.18 \sim 8.56$，平均 7.72，$(La/Yb)_N = 6.44 \sim 11.06$，平均 8.33，稀土元素球粒陨石标准化分布模式呈明显的右倾型（图 3.37a），$\delta Eu = 0.44 \sim 0.50$，显示较强的负 Eu 异常。石英二长斑岩微量元素原始地幔标准化蛛网图显示（图 3.37b），其富集大离子亲石元素 Rb、Th，轻稀土元素和 Pb，相对亏损 Sr 和 Ba。

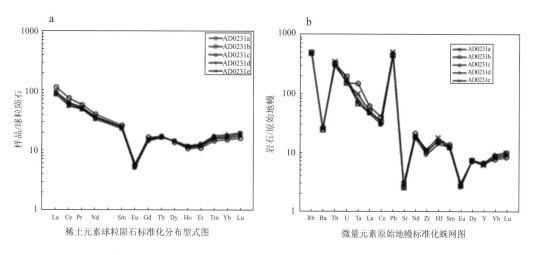

图 3.36 细粒花岗岩稀土元素球粒陨石标准化图解（a）和微量元素原始地幔标准化蛛网图（b）
（原始地幔标准化值引自 McDonough 等，1995，下同）

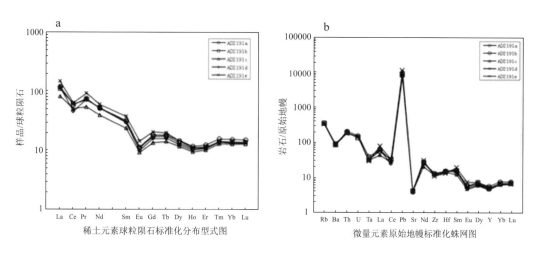

图 3.37 石英二长斑岩稀土元素配分曲线（a）和微量元素原始地幔标准化蛛网图（b）

黑云母二长花岗岩：稀土元素总量为 $178.31 \times 10^{-6} \sim 225.74 \times 10^{-6}$，均值 212.32×10^{-6}，$\sum \mathrm{LREE}/\sum \mathrm{HREE} = 6.81 \sim 8.72$，平均 7.90，$(\mathrm{La}/\mathrm{Yb})_N = 6.81 \sim 8.72$，平均 7.90，$\delta \mathrm{Eu} = 0.61$，显示负异常。稀土元素球粒陨石标准化分布模式呈明显的右倾型（图 3.38a），微量元素原始地幔标准化蛛网图显示（图 3.38b），强烈富集 Pb 和 U，轻稀土元素相对富集，Zr、Sr、Ba 相对亏损。

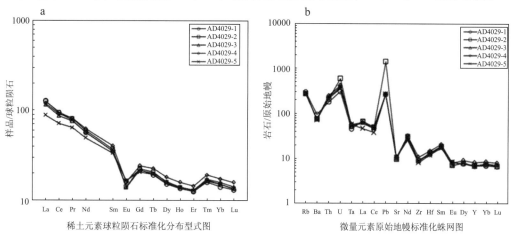

图 3.38 黑云母二长花岗岩稀土元素配分曲线（a）和微量元素原始地幔标准化蛛网图（b）

3.3.4 燕山期侵入岩的岩浆起源、演化及构造背景

花岗岩的成因类型对判别岩浆源区、构造环境及成矿专属性具有重要意义，花岗岩的类型划分一直是花岗岩研究的热点（Wang et al.，2002）。根据花岗岩的岩石化学特征，一般可将花岗岩划分为 I – 型、S – 型、A – 型、M – 型等类型。

前人曾将铝饱和指数作为判别 I 型和 S 型花岗岩的依据之一，认为 $A/CNK=1.1$ 可作为 I 型和 S 型花岗岩的分界（Chappell and White，1974，1992）。若按 $A/CNK=1.1$ 为界线，则石英二长斑岩为 S 型花岗岩，细粒花岗岩和黑云母二长花岗岩属 I 型花岗岩。但在 $Na_2O – K_2O$ 判定图解中（图3.39），石英二长斑岩和细粒花岗岩样品全部落入 A 型区域，黑云母二长花岗岩有两个样品落在 I 型区域，两个落在 I – A 型边界上，一个落在 A 型区域内。

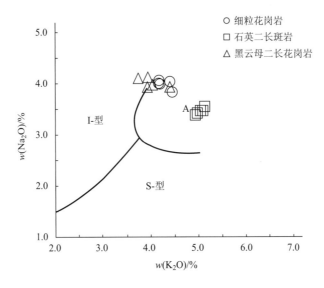

图3.39　花岗岩判定 $K_2O – Na_2O$ 图解

一般认为 Whalen（1987）的指标是目前最有效的花岗岩类型判定方法，故本文尝试使用 Whalen 指标进行花岗岩判定，在 $10000Ga/Al – FeO/MgO$ 判定图解中（图3.40）细粒花岗岩和黑云母二长花岗岩全部落在 A 型花岗岩区域，黑云母二长花岗岩中有两个点落在 I&S 型区域，其余落在 A 型区域

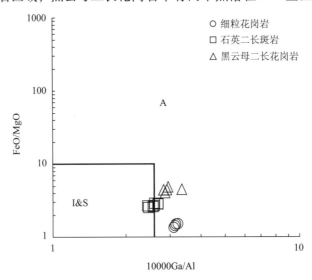

图3.40　阿尔哈达矿区花岗岩判别图解

（据 Whalen 等，1987）

内。综合上述花岗岩类型判别方法，矿区燕山期侵入岩主要显示 A 型花岗岩特征。事实上，高分异情况下的花岗岩成因类型判定较为困难（Chappell，1999），据吴福元等研究，含铝指数适用于未经强烈分异的花岗岩，在高分异花岗岩判别中失效，Whalen 指标也是如此。

主微量和稀土元素地球化学结果显示，燕山期侵入岩具有富硅、富碱的特征。三者稀土元素配分图解均显示右倾的轻稀土富集型和明显的 Eu 负异常，黑云母二长花岗岩与石英二长斑岩的配分曲线相似，但细粒花岗岩的 Eu 异常相对较强，且重稀土显示了略左倾的分配模式。

微量元素结果表明，三者具有相似的配分模式，总体表现为大离子亲石元素 Rb、Th、K 相对明显富集，高场强元素 Nb、Ti、P 相对亏损，Ta－Nb－Ti 的负异常通常解释当俯冲背景有关的火成岩特征，但近年来研究发现，大陆环境碰撞－后碰撞火山岩也具有这种特征（Rollison H R.，1993；曲晓明等，2006；莫宣学等，2003）。矿区主要蚀变类型和蚀变矿物组成研究表明，矿区范围内普遍发育的金红石、磷灰石蚀变，并发现有蚀变石榴子石存在，其 Nb、Ti、P 的相对亏损也可能是由于这些元素主要富集于出溶流体中，并随流体相迁出所致。而 Eu 负异常可能代表了岩浆演化过程中长石的结晶分异或源区残留长石或角闪石相。前人研究表明，在部分熔融过程中，如岩浆源区存在角闪石、金红石难熔残余，Nb、Ta 优先进入角闪石晶格，Ti 进入金红石，则可以导致初始岩浆中这 3 种元素的亏损（Rollison H R，1993）。另外 Ti、P 的较强负异常也可能与钛铁矿和磷灰石的分离结晶有关（李献华等，2001）。含斑细粒花岗岩中 Eu 的亏损要比石英二长斑岩强烈，可能是由于岩浆演化过程中长石的结晶分异造成。石英二长斑岩具有弱的 Ce 负异常，与矿区发现的大量富轻稀土磷酸盐（独居石）吻合，也表明其可能富集于流体相中。

Sr 负异常常与斜长石的结晶分异有关（李昌年，1992），事实上，斜长石分异结晶过程中，还会造成 Ba、Sr 的贫化（孙鼐和彭亚鸣，1985）。微量元素原始地幔标准化结果显示，Ba、Sr 和 Eu 的亏损有同步加大的趋势，表明这 3 种元素亏损是由于源区斜长石从熔体中结晶分异的结果。在部分熔融过程中，若角闪石族矿物作为难熔相遗留在残留相中，会导致初始岩浆相对富集轻稀土，Eu 负异常不明显，而富钙的斜长石作为残留相遗留在残留物中，初始岩浆有显著的 Eu 负异常，相应地富集重稀土（马昌前，1989），矿区燕山期侵入岩以轻稀土富集为特征，细粒花岗岩 Eu 负异常强于石英二长斑岩和黑云母二长花岗岩，说明细粒花岗岩源区可能有较多的斜长石残留相，或在岩浆演化过程中经历了斜长石的分离结晶。

岩体主量元素 Harker 图解（图 3.41）显示，Fe_2O_3、MgO、P_2O_5、TiO_2 与 SiO_2 呈负相关，且具有同步变异的趋势，从黑云母二长花岗岩、石英二长斑岩到细粒花岗岩，SiO_2 含量递增而 Fe、Mg、P、Ti 顺序递减。这 4 个元素是构成矿区主要蚀变的元素组成（如金红石、绿泥石、绿帘石、磷灰石等），表明这些元素的差异也可能与流体蚀变有关。

在 R_1－R_2 图解中，黑云母二长花岗岩落入晚造山区域，而石英二长斑岩和细粒花岗岩落在造山后 A 型花岗岩与非造山 A 型花岗岩之间（图 3.42），表明该区的构造背景为造山后－非造山环境。

3.4 矿床地球化学研究

3.4.1 流体包裹体研究

野外和室内研究发现，矿区发育两套矿化和蚀变系统，在勘查区的主采矿区内以硫化物矿化、绿泥石化、硅化最为发育，另发现有碳酸盐化、黏土矿化等。而在勘查区的西区，广泛发育云英岩化，此外还发育有磁铁矿化、赤铁矿化、绿帘石化、硅化、绢云母化等。西区的云英岩化蚀变表现出与岩浆热液有关的典型蚀变特征，特别是与云英岩型 W、Sn 矿床的蚀变具有一定的相似性。矿区与铅锌矿化有关的蚀变表现为绿泥石化、萤石化、碳酸盐化等。本次流体包裹体工作主要针对西区云英岩化蚀变和生产矿区碳酸盐化、绿泥石化蚀变展开。

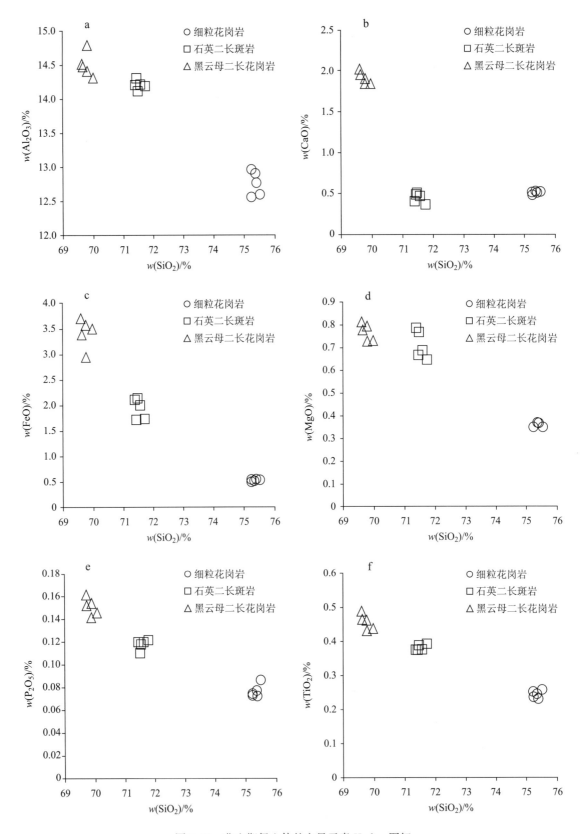

图 3.41　燕山期侵入体的主量元素 Harker 图解

（1）包裹体岩相学特征

通过生产矿区地表、钻孔岩心、井下和西区地表及部分钻孔岩心样品中石英、方解石内流体包裹体的镜下观察发现，区内流体包裹体类型复杂，可见气液两相包裹体、富 CO_2 包裹体、纯 CO_2 包裹体

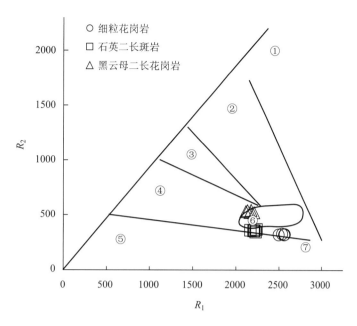

图 3.42　阿尔哈达矿区岩浆岩 $R_1 - R_2$ 图解

(底图据 De La Roche H, Leterrier J, Grandclaude P et al.，1980)

①—地幔斜长花岗岩；②—破坏性活动板块边缘（板块碰撞前）；③—板块碰撞后隆起期花岗岩；④—晚
造山期花岗岩；⑤—非造山区 A 型花岗岩；⑥—同碰撞（S 型）花岗岩；⑦—造山期后 A 型花岗岩

和含子矿物的多相包裹体等。包裹体大小从几微米到几十微米不等，形状多为椭圆形、负晶形和不规则状。根据包裹体在室温下的相态特征及在测温过程中的相态变化，可以将流体包裹体分为 6 类 9 个亚类：

AV 类：气液两相包裹体。室温下由气相和液相或纯气相组成（图 3.43），包裹体呈负晶形、椭圆形或不规则形，根据其气相充填度、显微测温过程中的相态变化及产出状态可进一步将其分为 3 个亚类。

AV - 1：室温下由气相和液相组成，气相充填度 <10vol%，均一温度较低，常呈次生包裹体呈线状或沿愈合裂隙分布，在石英和方解石中均有发现。

AV - 2：室温下由气相和液相组成，气相充填度在 20 ~ >80vol%，测得其低共熔点温度在 -20 ~ -21℃ 之间，表明其主要为 $H_2O - NaCl$ 体系，主要发育于西区石英样品中。

AV - 3：室温下由气相和液相组成，低共溶点在 -50℃ 以下，冰点温度在 -31℃ 左右，表明其为主要 $H_2O - CaCl_2$ 体系。

V：纯气相包裹体。室温下包裹体中只有一个气相，其常与不同气相充填度的 AV - 2 类和含子矿物的多相包裹体共存（图 3.43），显示了沸腾包裹体群的特征。

ADV 类：含子矿物多相包裹体。室温下由气相、液相和子矿物相组成（图 3.44）。根据包裹体中子矿物的镜下特征可将该类包裹体进一步分为两个亚类。

ADV - 1：室温下由气相、液相和一个石盐子矿物或由石盐和其他小的未知子矿物组成（图 3.44a，图 3.44b），有时可见不透明金属子矿物。该类包裹体在矿区所见较少，主要发现于西区北部和西部的电气石化蚀变花岗岩的石英中或黑云母二长花岗岩的石英中。

ADV - 2：室温下由气相、液相及柱状、针状非盐子矿物组成（图 3.44c，图 3.44d），显微测温过程中加温至 450℃ 以上子矿物没有明显变化。该类包裹体主要发现于云英岩化的石英中。

AC 类：富 CO_2 包裹体。室温下由水溶液相、气相或气液两相 CO_2 组成（图 3.45a，图 3.45b），包裹体呈似圆形或不规则形，CO_2 充填度一般在 15% ~90%。该类包裹体主要发育于云英岩化钾长花岗岩的石英中。

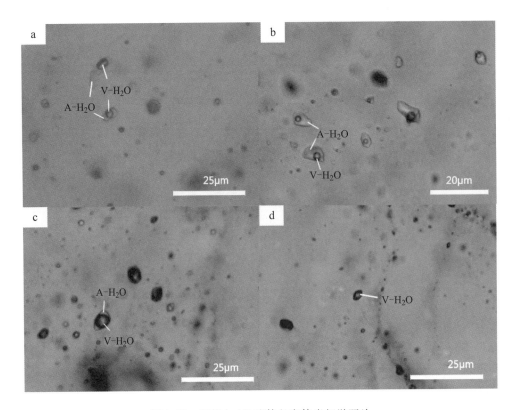

图 3.43　石英中 AV 流体包裹体岩相学照片

a—气液两相包裹体（AV－1）；b—气液两相包裹体（AV－1）c—气液两相包裹体（AV－2）d—气液两相包裹体（AV－2）

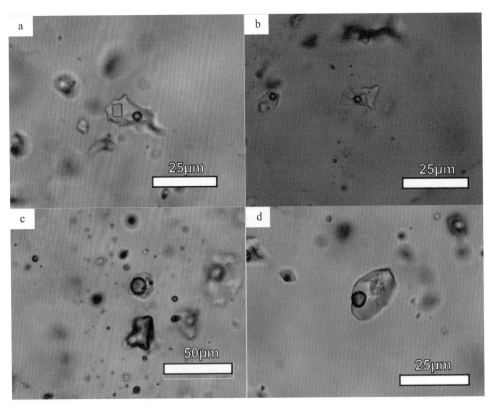

图 3.44　石英中 ADV 类流体包裹体岩相学照片

a、b—含石盐子矿物的 ADV－1 类流体包裹体；c、d—含针状和不规则子矿物的 ADV－2 类流体包裹体

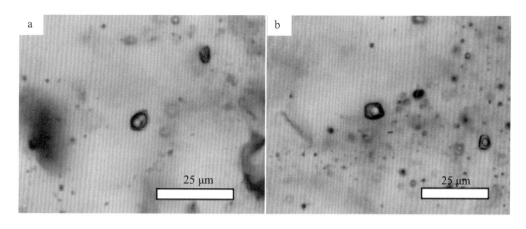

图 3.45　云英岩化石英中富 CO_2 流体包裹体的岩相学照片

a—AC 类；b—C 类

C 类：纯 CO_2 包裹体。室温下由气相或液气两相 CO_2 组成，加温后呈临界均一。

ADC 类：含子矿物的富 CO_2 包裹体。室温下由水溶液相，气相或液气两相 CO_2 及 1 个小的子矿物相组成，加温过程中至 400℃ 以上子矿物无变化，表明为非盐子矿物，LRM 鉴定为碳酸盐子矿物（见后）。

综合矿区蚀变类型、成矿阶段划分及流体包裹体岩相学结果，将矿区流体包裹体组合按产状分为 5 个包裹体组合。

Ⅰ：沸腾包裹体组合：由 ADV – 1，AV – 2 和 V 类组成，其代表了岩浆出溶流体及早期高温蚀变的流体特征。

Ⅱ：富 CO_2 流体包裹体组合：由 AC，ADC 和 C 类流体包裹体组成，不同 CO_2 充填度的富 CO_2 包裹体与纯 CO_2 包裹体共生显示了不混溶包裹体组合的特征，其代表了云英岩化阶段流体特征。

Ⅲ：富钙流体包裹体组合：仅见少数 AV – 3 类，其可能与 ADV – 2 类包裹体为同期产物，代表了石英 – 绿帘石 – 磁铁矿阶段的流体特征。

Ⅳ：水溶液流体包裹体组合：以 AV – 2 类包裹体为主，少数见卡脖子形成的富气相和纯液相流体包裹体，代表了绿泥石化阶段的成矿流体特征。

Ⅴ：低温富水包裹体组合：主要由 AV – 1 类流体包裹体组成，常见卡脖子形成的大气泡或无气泡流体包裹体，其代表晚期低温蚀变（泥化阶段）的流体特征。

（2）包裹体显微测温结果

在详细的流体包裹体岩相学研究基础上，本次对热液期不同成矿阶段的石英、方解石样品进行了流体包裹体显微测温分析，其中包括蚀变黑云母二长花岗岩中石英、云英岩化钾长花岗岩中石英、无矿石英脉、矿化石英脉、硫化物 – 方解石脉中方解石等。包裹体显微测温分析在北京科技大学包裹体实验室进行，仪器为 Linkam THMS 600 型冷热台，温度范围为 – 196 ~ +600℃，冷冻数据和加热均一温度数据精度分别为 ±0.1℃ 和 ±1.0℃。气液相流体包裹体的冰点估算采用（Hall et al.，1988）公式，富 CO_2 型（AC 型）流体包裹体盐度估算采用 CO_2 笼形物的分解温度；高盐度流体包裹体盐度据最后的盐溶温度进行估算。包裹体显微测温数据见表 3.6。从表中可以看出：

AV – 1：具有较低的包裹体均一温度（162 ~ 177℃）和盐度（6.0% ~ 6.9%）。

AV – 2：具有较大的包裹体均一温度范围（258 ~ 405℃），盐度在 1.23% ~ 14.3%。

AV – 3：以很低的低共溶点和冰点为特征，其低共溶点在 – 50℃ 左右，应主要为 H_2O – $CaCl_2$ 体系，本次仅得到 1 个均一温度和冰点数据，其均一温度为 376℃，据 $CaCl_2$ – H_2O 体系相图估算的 $CaCl_2$ 盐度约为 15.5%。

ADV – 1：该类包裹体以气泡消失温度低于盐溶温度为特征，测得其气泡消失温度在 171 ~ 209℃，盐溶温度在 231.4 ~ 312.5℃，据盐溶温度估算的流体盐度在 33.4% ~ 38.7%。

表 3.6　阿尔哈达矿区流体包裹体显微测温结果表

样品编号	寄主矿物	包裹体类型	冰点/℃	均一方式	均一温度/℃	子晶熔化温度/℃	CO_2三相点温度	CO_2笼合物分解温度	盐度/%
AEH1047	石英	AV－2	−2.3 ~ −0.9(2)	→L	335 ~ 337(2)				1.6~3.9
AEH1068	石英	AV－2	−3.8 ~ −3.2(12)	→L	247 ~ 370(12)				5.3~6.2
AEH1117	石英	ADV－2		→L	346 ~ 348(2)	>450℃子晶仍未熔化			1.9~4.7
AEH1117	石英	AV－2	−2.8 ~ −1.1(7)	→L	333 ~ 355(7)				3.9~7.2
AEH1120	石英	AV－2	−4.5 ~ −2.3(13)	→L	299 ~ 344(13)				
AEH1120	石英	ADV－2		→L	335 ~ 346(2)	>450℃子晶仍未熔化			
AEH－1120	石英	AV－1	−3.7 ~ −4.5(5)	→L	162 ~ 177(5)				6.0~7.2
AD4089	石英	AC		→L	346 ~ 369(8)		−60.9 ~ −56.6	−9.6 ~ −2.8	18.0~21.4
AD4089	石英	AC	−4.9 ~ −1.9(2)	→C	347 ~ 409(2)				3.2~7.7
AEH1001	方解石	AV	−5.6 ~ −0.8(6)	→L	267 ~ 336(6)				1.4~8.7
AD2227	石英	AV－2	−10.3 ~ −0.5(4)	→L	271 ~ 362(4)				0.9~14.3
AD2230	石英	AV－2	−11 ~ −3.6(4)	→L	255 ~ 365(4)				5.9~15.0
AD2207	石英	AV－2	−10.8 ~ −1.6(2)	→L	346 ~ 378(2)				2.7~14.8
AEH1023	石英	AV－2	−9.3 ~ −2.4(2)	→L	375 ~ 397(2)				4.0~13.1
EH1079	石英	AV－2	−18.9 ~ −7.8(2)	→L	289 ~ 311(2)				11.5~21.6
AEH1126	石英	AV－1	−5.8 ~ −0.9(6)	→L	167 ~ 219(6)				1.6~9.0
AD4078	石英	AV－2	−6.3 ~ −5.7(2)	→L	302 ~ 313(2)				8.8~9.6
AD4306	石英	ADV－1		→L	171 ~ 195(4)	231 ~ 292			33.4~37.1
AD4306	石英	AV－2	−4.8(1)	→L	218(1)				7.6
AD4035	石英	ADV－1		→L	312 ~ 313(2)	208 ~ 209			38.7
AD4035	石英	AV－2	−14.5 ~ −8.6(2)	→L	284 ~ 219(2)				12.4~18.2
AD4035	石英	AV－3	−31.3(1)	→L	378				15.5%

ADV - 2：此类包裹体气液相均一温度为 335 ~ 348℃，待气泡消失后对其继续加热升温至 450℃，子晶无明显变化，推测其可能为碳酸盐类子矿物，后经 LRM 证实。

AC 类流体包裹体：此类包裹体大部分均一到液相，少数均一至 CO_2 相，包裹体均一温度介于 346 ~ 409℃之间；CO_2 三相点温度变化范围为 - 60.9 ~ - 56.9℃，略低于纯 CO_2 包裹体的三相点温度（- 56.5℃），表明气相成分中除 CO_2 外可能还含有少量其他挥发性成分，CO_2 笼形物分解温度为 - 0.9 ~ - 8.5℃，根据 Roedder（1984）的公式计算获得的包裹体盐度为 16.21% ~ 20.40%。

在均一温度盐度图解（图 3.46）中可以看出，AV - 1 类包裹体分布图的左下方，显示低温、低盐度的特征；AV - 2 类显示随温度升高而盐度略有下降的趋势，可能与流体捕获的先后有关，而富 CO_2 包裹体分布于 AV - 2 类包裹体右上方，具中等盐度和较高的温度。高盐度包裹体沿石盐饱和曲线分布，显示与 AV - 2 类包裹体具有相似的均一温度，但盐度高。对于富钙包裹体的成分和代表的成矿期次，目前数据很少尚不清楚，待进一步研究证实。

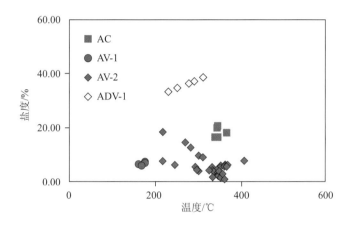

图 3.46　气液相和富 CO_2 相流体包裹体的均一温度 - 盐度图解

（3）包裹体成分的 LRM 分析

通过流体包裹体显微观察，选择其中体积较大的包裹体，进行单个包裹体显微激光拉曼探针（LRM）分析。LRM 分析在核工业北京地质研究院分析测试研究中心流体包裹体实验室进行，测试仪器为 Lab RAM HR800 研究级显微激光拉曼光谱仪，波长 532 nm 的 Yag 晶体倍频固体激光器，本次实验选择所测光谱的计数为 6/s，共扫描 6 次，波段范围为 100 ~ 4200 cm^{-1}。激光束斑大小约为 1 μm（即可以对 >1 μm 的包裹体进行拉曼光谱分析），光谱分辨率 0.14，温度为 25℃，湿度为 50%。

本次激光拉曼探针主要针对钻孔中石英、云英岩化花岗岩石英及主矿化期石英中流体包裹体进行了分析研究。本次测试的云英岩化样品 4 件，得到了 19 组有用数据，结果表明流体包裹体的液相谱图上可见清晰的 H_2O 峰（图 3.47），气相谱图上除了含有 H_2O 谱峰外，还显示了 CO_2、CH_4、N_2 和 H_2 的谱峰（图 3.47g 和图 3.47h）。

与铅锌（银）矿化有关的石英中流体包裹体气液相成分均以 H_2O 为主，未检出 CO_2、CH_4 等。

（4）包裹体中水的 H - O 同位素分析

目前稳定同位素示踪已经广泛应用于地球化学研究以及矿床学研究，它能有效揭示矿床尤其是热液成因矿床形成过程中成矿流体的来源和成矿物质的来源，在解决矿床成因、成矿机制等重要科学问题方面扮演重要角色。不同来源的流体的同位素组成有明显的差别，把成矿流体的同位素与已知流体源区的同位素组成进行对比是判断成矿流体来源的重要方法（Valley et al.，1986）。

本次 H、O 同位素测试在核工业北京地质研究院分析测试研究中心稳定同位素实验室完成，检测方法和依据：DZ/T0184.19 - 1997 天然水中氢同位素锌还原法测定；DZ/T0184.13 - 1997 硅酸盐及氧化物矿物氧同位素组成的五氟化溴法测定。仪器型号 MAT - 253。数据均为相对国际标准 V - SMOW 之值。6 件石英样品的 H、O 同位素分析结果见表 3.7。

表 3.7 阿尔哈达铅锌（银）矿床石英中流体包裹体水的 H、O 同位素

样号	样品描述	计算温度/℃	δD/‰	$\delta^{18}O_{石英}$/‰	$\delta^{18}O_{H_2O}$/‰
AD4089	石英脉	310	−111.2	10.2	3.15
AD4270	石英脉	310	−107.7	18.4	11.36
AD4169	石英脉	310	−110.2	13.8	6.76
AD2074b	含矿石英脉	260	−114	18.3	9.3
AD2052	含矿石英脉	260	−112.3	19.6	10.6
AD4216	含矿石英脉	260	−130.1	20.6	11.6

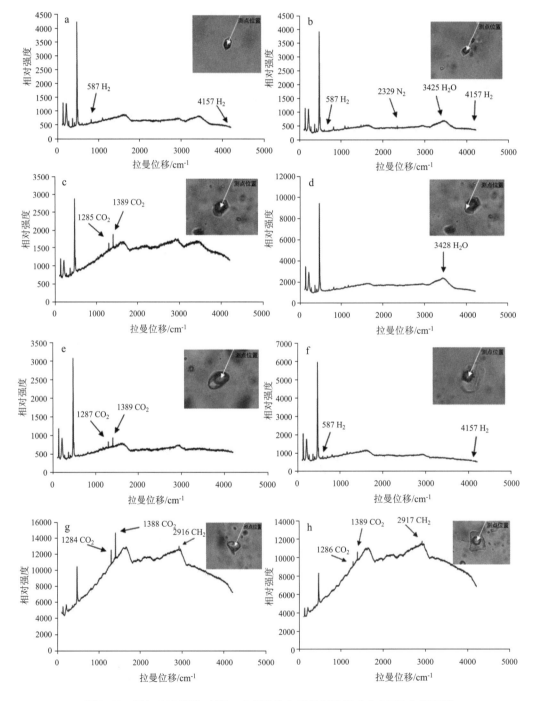

图 3.47 阿尔哈达铅锌（银）矿床流体包裹体气液相成分 LRM 分析图谱

a—AD4032−01；b—AD4032−02；c—AD4032−03；d—AD4032−03L；e—AD4032−04；f—AD4032−05；

g—AD4149−01；h—AD4149−02；AD4032 采自钻孔 ZK01，AD4149 为云英岩化石英中流体包裹体。

由测试结果可见，3件含矿石英脉中的 $\delta^{18}O_{V-SMOW}$ 值比较接近，为18.3‰～20.6‰，而3件无矿石英脉中的 $\delta^{18}O_{V-SMOW}$ 值为10.2‰、18.4‰和13.8‰，低于含矿石英脉中的 $\delta^{18}O_{V-SMOW}$ 值。包裹体中水的 δD 组成范围在 $-130.1‰ \sim -107.7‰$，平均 $-114.25‰$；$\delta^{18}O_{石英}$ 组成范围在 10.2‰ ～ 20.6‰。根据 $\delta^{18}O_{石英}$ 分析数据，利用公式 $1000\ln\alpha_{石英-水} = 3.38 \times 10^6/T^2 - 2.9$（Clayton，1972），$1000\ln_{\alpha石英-水} = \delta^{18}O_{石英} - \delta^{18}O_{水}$ 计算 $\delta^{18}O_{H_2O}$，求得 $\delta^{18}O_{H_2O}$ 值在 3.15‰～11.6‰。将测得 δD 数值和计算求得 $\delta^{18}O_{H_2O}$ 值投图得到氢氧同位素 $\delta D - \delta^{18}O$ 图解（图3.48）。从图中可以看出，其投影点多落于岩浆水下方，并有向高岭石演化线方向偏移的趋势，由此可以看出，成矿流体主要来源于岩浆水，同时，地层中黏土矿物的脱水对成矿流体具有一定的贡献。

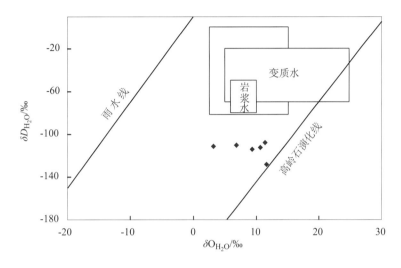

图3.48 阿尔哈达矿区 $\delta D - \delta^{18}O$ 变化范围图解
（底图据 Taylor，1968）

水－岩作用在自然界是一个非常普遍的现象，水－岩作用会引起流体的 H、O 同位素组成的变化。矿区主要蚀变岩的岩相学研究表明，矿区地层普遍发生了云英岩化蚀变，其中黏土矿物多已蚀变为白云母，特别是在强云英岩化地层中。在黏土矿物转化为白云母过程中会脱出黏土矿物中大部分水，并加入到成矿流体中，这是造成流体包裹体水的 H－O 同位素组成向高岭石演化线方向偏移的主要原因，表明成矿流体来源为原生岩浆水与黏土矿物在变质过程中的脱水形成的变质水的混合。

（5）成矿流体来源、物理化学特征及流体演化

综合包裹体岩相学、不同成矿阶段的包裹体组合特征、包裹体显微测温结果及流体包裹体中水的氢氧同位素分析结果，矿区成矿流体主要来自于岩浆水，并有围岩蚀变过程产生的变质水加入。从早期钾硅化阶段－云英岩化阶段到绿帘石－磁铁矿阶段再到绿泥石－碳酸盐阶段最后到泥化阶段，成矿流体从高温、高盐度流体向低温低盐度流体演化。早期成矿流体主要来自于岩浆热液。前人研究表明，CO_2 在岩浆中的溶解度远低于水，且压力对 CO_2 的溶解度影响较大，因此在岩浆上侵过程中由于压力降低更易于从岩浆中分离出来。研究表明，矿区广泛发育的云英岩化与富 CO_2 流体有关，其应为岩浆早期出溶的富 CO_2 流体，是岩浆在上侵过程中由于压力降低，但尚未发生大范围矿物结晶分异时产生流体出溶的结果（第一次沸腾）。岩浆中部分水也和 CO_2 一起出溶，并快速上升，由于高温和高渗透性，因此造成围岩大规模的云英岩化蚀变。富 CO_2 流体出溶后岩浆持续降温，部分矿物发生结晶分异，特别是长石等不含水矿物的结晶分异，使岩浆中水达到饱和，造成岩浆的第二次沸腾，出溶了富水流体。出溶流体在岩浆房顶部聚集，由于区内先期构造发育，特别是断裂、裂隙较为发育，造成流体快速沿断裂上移，并由于温度和压力的降低产生流体沸腾，形成高密度、高盐度液相和低密度、低盐度气相，并伴有石英等蚀变矿物的结晶。

富水流体沿先期断裂上升过程并与围岩发生强烈的水岩交换反应，使围岩中黏土矿物脱水，地层中黏土矿物脱水产生的水和有机质参与到成矿流体中，并带来部分成矿元素，因此改变了流体的物理化学性质。有机质对流体的氧化还原条件产生重大影响，造成在流体中以 Cl 络合物形式稳定迁移的 Pb、Zn 等发生沉淀，形成矿区主要的铅锌矿化。这是造成铅锌矿化主要产于围岩地层中，而在蚀变岩体中发育较少的原因。

本次研究中发现的含石盐子矿物的高盐度流体包裹体的盐溶温度均高于气液相均一温度。以石盐的溶化而均一的包裹体在斑岩系统中十分常见（如：Roedder，1984；Cline and Bodnar，1994；Becker et al.，2008 等），在冈底斯成矿带东段的驱龙斑岩铜矿（杨志明等，2005，2006）、冲江斑岩铜矿（谢玉玲等，2006）等均已发现该类包裹体。该类包裹体可以通过捕获高压的均一流体获得，也可以通过不均一捕获、捕获后的卡脖子过程、包裹体形成后的伸展变形、包裹体中水的流失等形成（Becker et al.，2008）。另外，捕获了亚稳的、过饱和流体的包裹体也可以此方式均一（谢玉玲等，2006），其原理应与 Becker 等（2008）描述的同时捕获了含石盐及石盐饱和溶液的包裹体相同，可视为非均一捕获的一种。对以盐溶化而均一的包裹体显微测温数据的解释，前人进行了不懈的努力（见 Becker et al.，2008 和 Roedder，1984）。Becker 等（2008）在 Bodnar（1994 a&b），Cline 和 Bodnar（1994）的基础上进一步补充了实验数据，对此类包裹体的成因、显微测温数据的解释等进行了进一步的阐述，并通过实验数据给出了 50 ~ 300 MPa 压力范围内的气液相均一温度 – 盐溶温度图解。图 3.49 通过投点后得到的阿尔哈达高盐度流体包裹体气液相均一温度 – 盐溶温度图解，据此推测的流体捕获压力在 200 MPa 左右，表明岩浆侵位深度较大。本次包裹体压力估算结果与一般人们认为的斑岩侵位深度（0 ~ 3 km）相差甚远，但与斑岩钼矿深部钻孔包裹体测压结果（Rusk et al.，2008）相近。

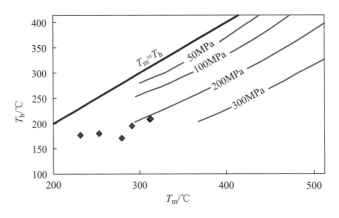

图 3.49　高盐度流体包裹体的盐溶温度（T_m）–气液相均一温度（T_h）图解

（底图据 Becker et al.，2008）

3.4.2　矿石主要硫化物的硫同位素组成

本次 S 同位素分析主要对生产矿区主要矿石和蚀变围岩中硫化物进行，测试样品包括黄铁矿、黄铜矿、闪锌矿和方铅矿 S 同位素测试结果见表 3.8，从表 3.8 中可以看出，矿区 5 件硫化物样品的 $\delta^{34}S_{CDT}$ 值变化范围为 3.3‰ ~ 7.6‰，平均值为 5.18‰。其中黄铁矿样品的 $\delta^{34}S_{CDT}$ 值为 5.2‰，平均值为 6.37‰；闪锌矿样品 $\delta^{34}S_{CDT}$ 值为 3.3‰，平均值为 4.95‰；方铅矿样品 $\delta^{34}S_{CDT}$ 值为 3.6‰，平均值为 3.85‰。尽管上述 3 种硫化物的 $\delta^{34}S_{CDT}$ 值分布范围存在明显重叠之处，但是从整体上看，S 同位素组成分布较为集中，多为小的正值，显示以深源硫为主的特征。从不同矿物的 S 同位素组成看，它们总体符合在同位素平衡条件下硫化物 $\delta^{34}S_{CDT}$ 值的富集顺序，即 $\delta^{34}S_{黄铁矿} > \delta^{34}S_{闪锌矿} > \delta^{34}S_{方铅矿}$。由于主成矿阶段矿石中金属硫化物主要为方铅矿、闪锌矿和黄铁矿，未见硫酸盐矿物，因此硫化物的 $\delta^{34}S_{CDT}$ 值能近似代表成矿流体的 S 同位素组成（Ohmoto H，1972），即矿石中的硫化物的

S 同位素组成可以用来示踪成矿流体中硫的来源。矿区主矿化阶段硫化物 S 同位素组成显示小的正值，而沥青中草莓状黄铁矿和沥青中 S 的发现，表明地层中 S 可能对成矿物质 S 有一定的贡献。

表 3.8　阿尔哈达地区部分硫化物硫同位素组成

样号	矿物	样品描述	$\delta^{34}S_{V-CDT}$（V－CDT）
AD4115	方铅矿	黄铁矿化铅锌矿化围岩	4.1
AD4115	闪锌矿	黄铁矿化铅锌矿化围岩	5.3
AD4115	黄铁矿	黄铁矿化铅锌矿化围岩	7.6
AD4215	闪锌矿	方铅矿绿泥石共生	6.4
AD2074b	闪锌矿	矿化石英脉	3.3
AD2052	方铅矿	矿化石英脉	3.6
AD2052	闪锌矿	矿化石英脉	4.8
AD2052	黄铁矿	矿化石英脉	5.2
AD4042	黄铁矿	黄铁矿脉	6.3

3.4.3　白云母 $^{40}Ar-^{39}Ar$ 定年

勘查区西区发育大范围的强云英岩化，且与绿帘石－磁铁矿化具有时间和空间上的关系，应为成矿同期早阶段的流体蚀变产物。为了精确厘定矿区的蚀变和矿化年代，笔者对强云英岩化岩石中的白云母进行了 $^{40}Ar-^{39}Ar$ 法定年研究。

本次送测挑选的样品选自勘查区西区的云英岩化泥质板岩，白云母单矿物的挑选工作在河北省区域矿产调查研究所实验室完成，将样品破碎到 40～60 目，挑选白云母纯度达 99% 以上，测试工作在核工业北京地质研究院分析测试研究中心进行，测试仪器为 Thermo Fisher 公司生产的 Helix SFT 惰性气体同位素质谱仪。检测方法依据 DZ/T 0184.8－1997《$^{40}Ar-^{39}Ar$ 同位素地质年龄及氩同位素比值测定》。

样品的阶段升温测年数据见表 3.9，年龄谱图见图 3.50。总气体年龄（Total age）为 156.44 ± 0.83 Ma，从 $^{40}Ar/^{39}Ar$ 年龄谱图（图 3.50）上可以看出，670～1180℃ 6 个温阶构成了很好的坪年龄，坪年龄 $t_p=156.27\pm0.49$ Ma，对应了 86.9% 的 ^{39}Ar 的释放量。显示出样品自矿物生成以来处于很好的封闭状态，基本未受到后期的热扰动的影响或者受后期热扰动影响很小，因此给出的坪年龄代表了云英岩化形成时的年龄。结合锆石定年的数据，可以看出云英岩化形成的时间与燕山期岩体侵入的时间基本吻合，进一步证实矿区内蚀变、矿化与燕山期侵入体的关系。

表 3.9　阿尔哈达矿区白云母化 $^{40}Ar-^{39}Ar$ 定年结果

$T/℃$	$(^{40}Ar/^{39}Ar)_m$	$(^{36}Ar/^{39}Ar)_m$	$(^{37}Ar/^{39}Ar)_m$	$^{40}Ar^*/\%$	$F(^{40}Ar^*/^{39}Ar)$	$^{39}Ar(^*10^{-14})$ mol	^{39}Ar（%）	Age（Ma）	$\pm1\sigma$（Ma）
AD4250 白云母		$w=31.2$ mg		$J=0.004725$					
600	19.6635	0.0011	0.0019	98.28	19.3244	6.17	13.13	158.01	0.76
670	19.4637	0.0013	0.002	97.98	19.0696	16.05	34.16	156.01	0.75
810	19.4916	0.0013	0.0027	98.02	19.1048	11.25	23.96	156.28	0.76
940	19.5829	0.0017	0.0013	97.46	19.0847	6.33	13.48	156.13	0.76
1060	19.3036	0.0006	0.0025	99.09	19.128	7.03	14.96	156.47	0.76
1180	18.1998	0.0051	0.0221	98.34	19.7189	0.14	0.3	161.1	3.6
Total age = 156.44 ± 0.83 Ma									

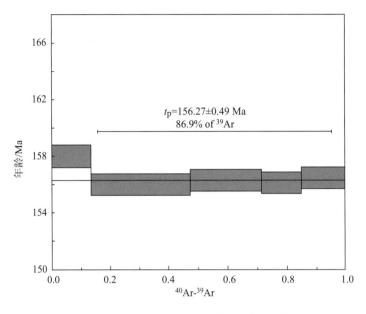

图 3.50　阿尔哈达矿区白云母^{40}Ar－^{39}Ar坪年龄

3.5　矿床成因

通过对矿化和蚀变的空间分布野外地质调研可以看出，矿区主要矿化和蚀变受构造控制明显，特别是北西向断裂构造的控制。西区北部大面积出露钾长花岗岩，并见花岗斑岩脉、细粒花岗岩和石英二长斑岩岩脉，西区中部钻孔（ZK3202和ZK01）揭露出其下的黑云母二长花岗岩；东区大面积出露泥盆系地层及侏罗系火山岩地层，已有钻孔控制深度在700 m以下，但未发现有侵入岩。地表蚀变类型和蚀变强度也表现出西区与东区的明显差异，西区主要表现为强云英岩化、绿帘石－石英－磁铁矿化，局部可见电气石化，并可见泥化叠加于云英岩化和青磐岩化之上；东区地表以泥化为主，另外可见绿泥石－黄铁矿化、碳酸盐化，云英岩化相对较弱，表明西部相对剥蚀较深，而东部剥蚀较浅，从地表和钻孔揭露的岩石组合也表现相同的规律。东西区之间北东向断裂可能是造成东西两侧剥蚀差异的主要原因。

综合东区和西区野外脉体穿插关系和岩矿相鉴定结果，矿区经历了至少3期7个成矿阶段，分别是沉积期、热液期和表生期。沉积期以发育沥青和其中的草莓状黄铁矿为特征，热液期从早到晚可划分为5个成矿阶段，分别为：钾硅化阶段、石英－白云母－电气石阶段、石英－绿帘石－磁铁矿阶段、石英－绿泥石－碳酸盐阶段和泥化阶段，其中第4、5阶段为主要的铅锌（银）矿化阶段。多期、多阶段相互叠加是造成矿区蚀变类型多样和空间分布复杂的主要原因。

虽然生产矿区内目前未发现侵入岩，但西区地表和钻孔中均发现多期岩浆活动。岩浆岩的岩石学、岩石定年和岩石化学结果表明，矿区侵入岩及侵位序列为：钾长花岗岩、花岗斑岩、黑云母二长花岗岩、二长花岗斑岩、细粒花岗岩。钾长花岗岩和花岗斑岩为华力西期岩浆活动产物，其侵位年龄在305.6～302.0 Ma；黑云母二长花岗岩、石英二长斑岩和细粒花岗岩为燕山期岩浆活动产物，其侵位年龄在151.7～161.6 Ma；另外区域地质资料还显示，勘查区东侧有印支期侵入岩出露。综合勘查区侵入岩的岩石定年结果和区域地质资料，区内经历了华力西、印支、燕山3期岩浆事件。

从矿区已知蚀变和矿化与岩体的关系看，勘查区主要矿化和蚀变与燕山期岩浆活动关系密切，特别是超浅成侵位的细粒花岗岩和二长花岗斑岩，细粒花岗岩的岩石化学特征与加拿大New Brunswick地区与Bi－Sn－Mo－W矿化有关的花岗岩具有相似特征（Lenze et al.，1988），石英二长斑岩的岩石化学与斑岩铜矿床的成矿岩体具有相似性，但具有明显的Eu负异常。综合矿区矿化、蚀变与岩浆侵位序列，笔者认为，矿区的矿化与燕山期岩浆活动有关，成矿岩体富 K、Na，岩石化学显示 A 型花岗岩特征。

流体包裹体研究结果表明，与钾硅化有关的流体为高温、高盐度流体，而与云英岩化有关的流体以富 CO_2 为特征，为中高温、中等盐度、富 CO_2 流体，与石英－绿泥石－碳酸盐阶段有关的流体为中温、低盐度、贫 CO_2 流体。从成矿早阶段到晚阶段，成矿温度有从高到低的趋势。包裹体中水的氢氧同位素结果显示，成矿流体主要来自于岩浆水，并有地层中黏土矿物脱水的贡献，矿石中主要硫化物的 S 同位素组成也显示了主要以深源 S 为主，并有地层 S 的贡献。岩矿相及 SEM/EDS 结果表明，铅锌矿脉中常含角砾状沥青，其中检测出含少量 S 和 N，沥青中常含大量草莓状黄铁矿，其中检测出少量 Cu，表明泥盆系地层可能提供了部分成矿物质，如 S 和 Cu。

综合矿区地质、地球化学研究结果，矿床的形成主要与区内燕山期岩浆活动有关，成矿物质和成矿流体主要来自岩浆活动，并有地层的贡献。从蚀变特征、矿物组成、成矿流体、矿石结构构造特征上看，生产矿区的铅锌、银矿化与中等硫化型浅成低温热液矿床具有一定的相似性，笔者认为，该矿床应为与燕山期浅成中酸性侵入体有关的浅成低温热液型矿床。

4 花脑特铜-铅锌（银）-多金属矿床

4.1 矿区地质特征

4.1.1 矿区地层

花脑特银多金属矿位于东乌旗乌里雅斯太镇北东约 100 km，勘查区面积 72.77 km²。矿区出露的地层主要有上古生界上泥盆统安格尔音乌拉组、侏罗系和第四系（如图 4.1），现由老到新叙述如下：

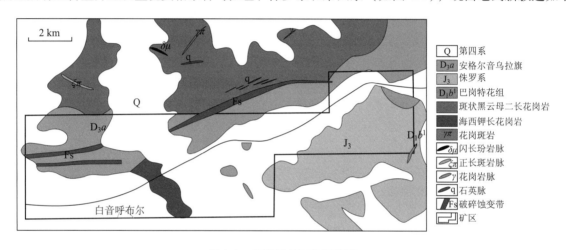

图 4.1 花脑特矿区地质简图

上古生界下泥盆统巴润特花组（D_1b^1）：分布于矿区东侧，岩性主要为凝灰质砂岩、粉砂岩、泥岩及细砂岩。

上古生界上泥盆统安格尔音乌拉组（D_3a）：主要分布在矿区中北部，岩性主要为浅灰色泥质板岩、泥质砂岩、粉砂质板岩及砂质泥岩，也可见到凝灰质砂岩、炭质板岩。该地层走向近东西，倾向主要南倾，倾角 32°~69°，在矿区北部泥质砂岩与燕山期石英二长岩呈侵入接触，在矿区南部泥质砂岩与华力西期钾长花岗岩呈侵入接触。

中生界侏罗系（J）：主要分布在矿区东南部，岩性主要为灰白色流纹岩、紫灰色英安质晶屑岩屑凝灰岩、流纹质凝灰质角砾岩，与下伏地层不整合接触。

新生界第四系（Q）：主要分布于道路两侧和山川沟谷地带，以风积沙、松散堆积物为主。

4.1.2 矿区构造

矿区由于处于二连-东乌旗复背斜的次一级褶皱构造额仁高比复式向斜的左翼，普遍发育轴向北东向和北北东向的褶皱构造。区内安格尔音乌拉组地层走向近东西，倾向主要为南倾，倾角 32°~69°，部分为北倾。矿区由于受到白云呼布尔-满都宝力格断裂、东乌旗-伊和沙巴尔深大断裂，和华力西期、燕山期为主的多期岩浆活动的影响，断裂构造十分发育，构造线方向以近东西向（北西西向）、北东向和北西向为主，其中北西西向和北东向断裂构成了矿区主要构造格架。由于矿区覆盖严重，因此前期地质工作中填绘出的断裂构造有限，但从遥感影像及钻孔资料分析，矿区内除近东西向、北东向构造外，尚发育北西向和近北东向构造，包括成矿前、成矿期和成矿后断裂。成矿后断裂多表现为强烈的断层破碎带,由于岩石强烈的破碎造成其渗透性增加,因此可见沿北西向断裂分布的泉水出露。矿区成矿后断裂对矿体具有明显的破坏作用,并可能是造成矿区东西蚀变差异的原因。矿区近北东向构造主要为成矿前构造,在矿区的南部发现5条含矿的近东西向构造破碎带,整体走向北东东,走向约85°,倾角一般50°,倾向北北西,延长约1000~3000 m不等,断裂破碎蚀变带宽30~120 m。近东西向成矿前构造为成矿流体的运移提供了通道,同时也可为成矿提供赋存空间。

根据目前矿区已知断裂、钻孔资料、地形地貌特征及地表蚀变岩样品的岩矿相鉴定结果,矿区的蚀变和矿化主要受北西西和北东向断裂构造控制。西区与中区间为最重要的北西向断裂,其两侧的岩性单元和蚀变分带发生明显的位移,东侧向北部移动。

4.1.3 矿区岩浆岩

(1) 矿区主要侵入岩的岩石学特征

矿区内岩浆岩分布比较广泛,包括侵入岩和喷出岩。矿区火山岩主要分布于矿区东部,主要为侏罗系中酸性火山岩和火山碎屑岩。

矿区范围内第四系大面积覆盖,地表出露的侵入岩主要分布于矿区西侧(如图4.1)。通过野外地质调研和室内岩矿相研究,矿区出露的侵入岩类型包括中细粒似斑状钾长花岗岩、石英二长岩、黑云母二长花岗岩、含斑细粒花岗岩、石英二长斑岩、花岗斑岩、石英正长(斑)岩等。矿区侵入岩详细的岩石定年尚未见报道,但从区域已有定年资料看,区内海西至燕山期岩浆活动均有发育,前人测得该成矿带查干敖包花岗闪长岩的锆石U-Pb年龄为256 Ma(内蒙古地质矿产局,1993),奥尤特铅锌矿绢云母Ar-Ar年龄为287 Ma(张万益,2008),而区内铁镁质侵入岩测得的Re-Os等时线年龄在375 Ma(李建波等,2012),均显示了华力西期岩浆活动的特征,但对燕山期岩浆活动尚缺少精确的定年结果。本次对矿区中部石英正长斑岩进行了锆石U-Pb定年,确立了矿区燕山期岩浆事件。通过野外岩体的侵位关系、区域岩浆岩岩石学对比,花脑特中区出露的黑云母二长花岗斑岩、斑状细粒花岗岩、石英正长(斑)岩和钻孔岩心揭露的黑云母二长花岗岩均应为燕山期岩浆活动产物。其中石英正长(斑)岩中发现大量石英-钾长石晶洞,表明岩浆中富含挥发分。矿区主要侵入岩的岩石学特征论述如下:

含斑细粒花岗岩:在西区南部和中区北部均有发现,岩石呈肉红色(图4.2a),不等粒-似斑状结构,块状构造,斑晶主要为钾长石和石英,基质也主要由石英和钾长石组成,暗色矿物含量低(图4.3c,图4.3d),岩石总体蚀变较弱,可见白云母化、绿泥石化蚀变。

钾长(正长)花岗岩:主要出露于矿区西北和西南,呈岩株状产出。岩石呈肉红色、等粒-似斑状结构,块状构造(图4.2b),主要矿物为钾长石和石英,少量黑云母。岩石中可见强烈变形和蚀变,通过岩石的变形和变质特征、区域岩性对比,其应为华力西期岩浆活动产物。

黑云母二长花岗岩:主要出露于矿区西北部、西南及中区北部,在矿区中南部的钻孔岩心中也可见及(图4.4d),是矿区最为发育的岩浆岩。岩体与围岩呈侵入接触;岩石呈灰红-暗红色,多发育绿泥石化、伊利石化、硅化、黄铁矿化蚀变。由于强烈的蚀变,原岩特征破坏严重。岩石呈等粒(细粒)结构或似斑状结构,块状构造。主要矿物组成为斜长石、钾长石、石英和黑云母,副矿物主要为磁铁矿和少量钛铁矿。

二长花岗(斑)岩:仅局部呈脉状出露,在西区南部和中区北部均有出露,岩石呈暗灰色,不等粒-斑状结构,块状构造,斑晶主要为斜长石,少量钾长石、石英和黑云母斑晶(图4.4c)。

细粒石英二长岩:仅在岩矿鉴定时发现,呈细小的脉状产于黑云母二长花岗岩中,其产状不明。岩石呈细粒结构、块状构造(图4.4a)。主要矿物组成为斜长石和钾长石及少量石英。

花岗斑岩:多呈岩脉产出,岩石呈暗红-肉红色,斑状结构、块状构造,斑晶为钾长石和石英,少量黑云母斑晶(图4.4e,4.4f)。

石英正长(斑)岩:呈小岩枝出露于西区南部,岩石呈肉红色,斑状、似斑状或不等粒结构,主要矿物组成为钾长石、石英,含少量黑云母(图4.2c,图4.2d;图4.3a)。钾长石常显示具条纹

图4.2　矿区主要侵入岩的手标本（或岩心）照片

a—斑状细粒花岗岩；b—强蚀变钾长花岗岩；c—斑状石英正长岩；d—黑云母二长花岗岩中正长斑岩脉

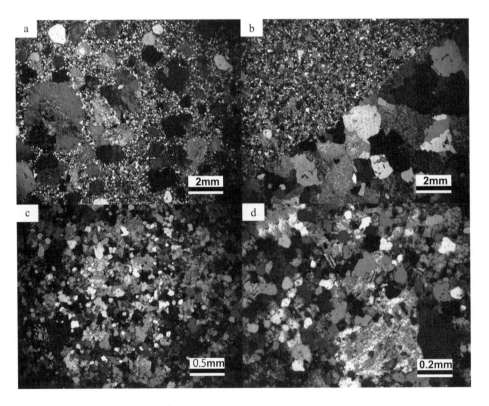

图4.3　石英正长（斑）岩和细晶岩的显微镜下照片（透光，正交偏光）

a—石英正长斑岩；b—石英正长岩中细晶岩脉；c—细晶岩；d—细晶岩中白云母蚀变

构造，显示高温长石的特征。野外可见其中含石英、钾长石晶洞，表明其中富含挥发分。

细晶岩：呈岩脉侵位于石英正长岩中（图 4.3b）。岩石呈细晶结构、块状构造。主要矿物组成为石英、钾长石、斜长石和少量暗色矿物。镜下可见细晶岩中的白云母化蚀变（图 4.3d）。

除侵入岩外，矿区地层中还发现大量火山岩，如矿区东南部发现有大量侏罗系火山岩和火山碎屑岩，主要由流纹岩、安山岩和安山质火山碎屑岩组成。泥盆系地层中也发现有火山岩和火山碎屑岩。

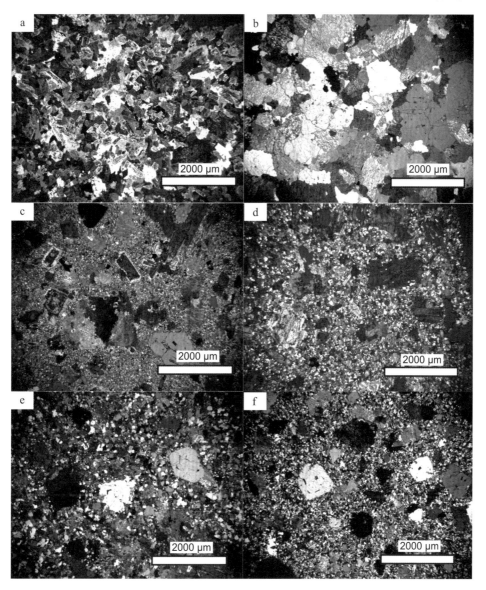

图 4.4　矿区主要侵入岩的显微镜下照片

a—细粒黑云母石英二长岩；b—中粒钾长花岗岩；c—二长花岗斑岩；d—蚀变斑状黑云母二长花岗岩；

e—蚀变花岗斑岩；f—花岗斑岩

（2）矿区侵入岩的年代学研究

野外和室内研究表明，西区南部出露的石英正长（斑）岩中含大量石英 – 钾长石晶洞，表明其富含挥发分。根据晶洞石英中流体包裹体的 LA – ICP – MS（见后文）结果，结合矿区矿化、蚀变的空间分布特征，笔者认为该矿床的形成与石英正长岩关系密切，其侵位年龄应与成矿年龄接近。

本次对斑状石英正长岩中锆石 U – Pb 定年分析，分析方法采用 LA – ICP – MS，分析在澳大利亚塔斯马尼亚大学优秀矿床研究中心（CODES）进行。本次测试共获得细粒花岗岩 15 个锆石测点数据（表 4.1），其中有 14 个点数据分布在最年轻的不谐和线上及附近，该线指示非放射性 Pb 存在。此线与协和线的交点年龄，即普通 Pb 校正过的 ^{206}Pb/^{238}U 加权平均年龄为 172.6 ± 2.0 Ma（MSWD = 2.1，n = 14）（图 4.5）。另有 1 个点 U/Pb 变化较大，未参加计算。

表 4.1　花脑特矿床石英正长斑岩锆石 U－Pb 定年结果

测试点号	207cor ^{206}Pb/^{238}U age	+/－1 ster	^{206}Pb/^{238}U	+/－1RSE	^{208}Pb/^{232}Th	+/－1 RSE	^{207}Pb/^{206}Pb	+/－1 RSE
AP22B566	168	4	0.0267	2.2%	0.0094	4.5%	0.0568	6.9%
AP22B569	169	2	0.0266	1.1%	0.0088	1.9%	0.0512	2.0%
AP22B560	169	2	0.0270	1.4%	0.0084	2.2%	0.0633	3.0%
AP22B562	170	2	0.0268	1.1%	0.0089	1.9%	0.0510	2.0%
AP22B558	171	2	0.0269	1.4%	0.0086	1.4%	0.0504	2.1%
AP22B555	171	3	0.0269	1.9%	0.0086	3.2%	0.0492	4.7%
AP22B567	171	2	0.0271	1.1%	0.0092	1.9%	0.0536	2.3%
AP22B564	173	4	0.0285	2.1%	0.0117	3.0%	0.0844	4.4%
AP22B570	173	2	0.0273	1.1%	0.0089	2.0%	0.0492	2.3%
AP22B568	175	3	0.0283	1.9%	0.0095	3.0%	0.0728	5.7%
AP22B563	176	3	0.0278	1.6%	0.0090	2.5%	0.0512	3.3%
AP22B561	178	2	0.0280	1.2%	0.0092	1.6%	0.0519	1.7%
AP22B559	178	3	0.0283	1.5%	0.0089	3.2%	0.0587	2.9%
AP22B565	179	3	0.0293	1.7%	0.0122	2.7%	0.0806	3.6%
AP22B571	183	2	0.0288	1.2%	0.0093	1.9%	0.0511	2.2%

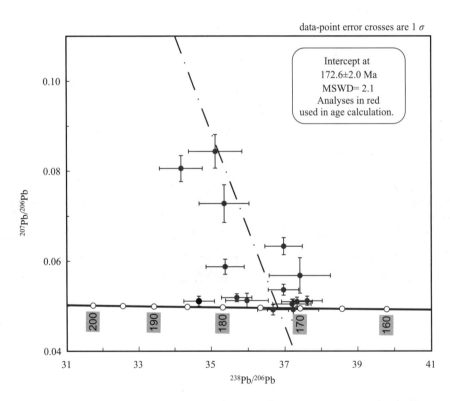

图 4.5　花脑特铅锌（银）－多金属矿床斑状石英正长岩锆石 U－Pb 谐和年龄图

4.1.4　矿体和矿化特征

　　矿区目前发现的矿化包括铅锌、银和铜矿化，主要矿化体的产出位置和产状主要受构造控制。矿区矿石类型包括浸染状、脉状－网脉状，局部见块状矿石。

（1）成矿阶段划分及各成矿阶段的矿物组成

根据野外脉体的穿插关系和镜下矿物组成研究结果，矿区矿化主要经历了5个成矿阶段：Ⅰ–钾硅化阶段；Ⅱ–云英岩化阶段；Ⅲ–石英–绢云母化–硫化物阶段；Ⅳ–绿泥石–碳酸盐–硫化物阶段；Ⅴ–碳酸盐阶段。主要岩矿石的岩矿相鉴定结果和SEM/EDS结果表明，矿区的主要金属矿物包括黄铁矿、毒砂、闪锌矿、方铅矿、黄铜矿、黝铜矿、磁铁矿、赤铁矿、磁黄铁矿，自然银和含银的硫盐矿物（银黝铜矿、含银的砷黝铜矿、硫锑铜矿）等。

Ⅰ钾硅化阶段：主要表现为石英正长（斑）岩中石英–钾长石晶洞、石英–钾长石团块和石英钾长石脉。

Ⅱ云英岩化阶段：矿区云英岩化广泛发育，特别是在矿区西部，主要表现为钾长花岗岩的云英岩化（图4.6a）、蚀变地层的云英岩化和细粒石英二长岩的云英岩化，主要蚀变矿物组合为白云母、石英、电气石、毒砂、绿帘石和磁铁矿等。云英岩化为矿区最主要的蚀变类型，蚀变强且分布面积大。在矿区发现有石英–白云母–电气石脉、石英–白云母–磁铁矿脉切穿钾长花岗岩（图4.6b），在磁铁矿脉的裂隙中也发育有白云母；斑状石英二长岩中也可见强云英岩化和其中的石英电气石脉（图4.6c）。

Ⅱ石英–绢云母–硫化物阶段：主要的蚀变矿物组合为石英、绢云母、毒砂、黄铜矿、黄铁矿等，常见绢云母蚀变叠加在白云母蚀变之上，表明绢云母化蚀变晚于云英岩化。

Ⅲ方解石–绿泥石–硫化物阶段：多表现为石英–绿泥石–硫化物或石英–碳酸盐–黄铁矿脉产于蚀变地层或蚀变岩体中，并常见岩体中暗色矿物的绿泥石化、黄铁矿化、金红石化等。主要矿物组合为石英、绿泥石、含铁锰碳酸盐矿物、黄铁矿、闪锌矿、方铅矿、黄铜矿、金红石等。该阶段为矿区最主要的矿化阶段。地表出现的铁锰氧化物矿化多为本期含铁碳酸盐矿物风化的产物，断层破碎带中可见铁锰氧化物胶结早期硅化石英角砾（图4.6d）。

图4.6 地表矿化和蚀变的野外照片

a—云英岩化钾长花岗岩；b—蚀变岩体中石英–磁铁矿脉；
c—蚀变石英二长岩中电气石细脉；d—碎裂石英中铁锰氧化物矿

Ⅳ方解石阶段：主要表现为围岩裂隙中的晚期白色方解石细脉，其可切穿早期蚀变脉体，其中未见金属矿化。

（2）主要组成矿物特征

通过对矿区主要蚀变和矿化样品的岩矿相鉴定，结合扫描电镜和 X 射线能谱分析（SEM/EDS），矿区主要金属矿物包括：自然银，黄铁矿、闪锌矿、方铅矿、毒砂、黄铜矿、黝铜矿、硫锑铜矿、硫铜锑矿、锡石、磁铁矿、赤铁矿、磁黄铁矿、锡镍合金矿物等；脉石矿物主要为石英、萤石、金红石、钾长石、钠长石、绢云母、白云母、黑云母、绿泥石、角闪石、方解石、菱铁矿；另外在蚀变花岗岩中还发现有锆石、独居石、磷灰石、氟碳铈矿等。主要金属矿物的显微镜下照片见图4.7和图4.8。

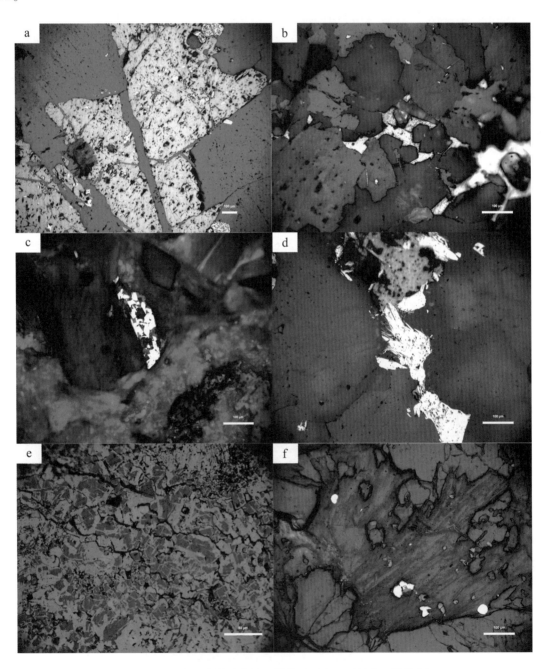

图 4.7　矿区主要金属矿物的显微镜下照片（反射光，单偏光）

a—闪锌矿及其中包裹的黄铜矿；b—石英粒间的方铅矿；c—白云母边部的毒砂；d—石英粒间的赤铁矿；
e—赤铁矿交代磁铁矿；f—云英岩化钾长花岗岩中自然银

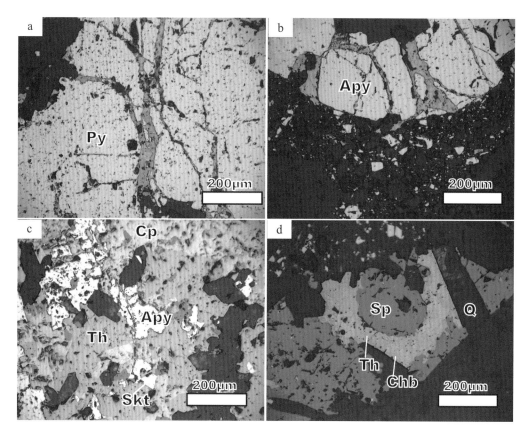

图 4.8　矿区主要铜矿物的显微镜下照片（反射光）

a—黄铁矿中的黄铜矿 - 黝铜矿细脉；b—毒砂裂隙中黄铜矿 - 黝铜矿；c—黄铜矿 - 黝铜矿和毒砂；d—与闪锌矿共生的黝铜矿和硫铜锑矿；Py—黄铁矿；Apy—毒砂；Cp—黄铜矿；Sp—闪锌矿；Th—黝铜矿；Skt—硫锑铜矿；Cpb—硫铜锑矿；Q—石英

自然金属和合金矿物

自然银（Ag）：主要发现于云英岩化蚀变花岗岩中，常呈自形、板条状或浑圆状，SEM/EDS 结果表明其成分主要为 Ag，其常与白云母或磷酸盐矿物共生。图 4.7f 为与白云母共生的自然银的显微镜下照片，图 4.9 为与磷灰石共生的自然银的 SEM 图像及 X 射线面扫描图像。

锡镍合金（Sn_2Ni）：发现于云英岩化石英裂隙中，Ni/Sn 原子比约 1∶2（图 4.10）。

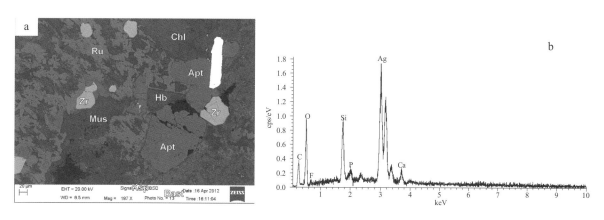

图 4.9　自然银的二次电子图像（a）及 X 射线能谱图（b）

Ag—自然银；Apt—磷灰石；Mus—白云母；Ru—金红石；Zr—锆石；Hb—角闪石

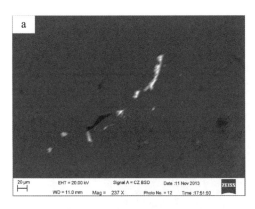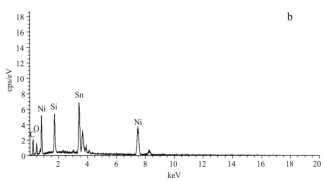

图 4.10　云英岩化石英裂隙中锡镍合金的背散射电子图像（a）和 X 射线能谱图（b）

硫化物及硫盐矿物

镜下和 SEM/EDS 实验分析结果表明，矿区发育的硫化物矿物主要为黄铁矿、闪锌矿、方铅矿、毒砂、黄铜矿、磁黄铁矿、黝铜矿和银黝铜矿，另还发现有硫铜锑矿和硫锑铜矿等。

黄铁矿（FeS_2）：在矿体及围岩中普遍发育，特别是在主成矿阶段中大量发育，常与毒砂、闪锌矿、方铅矿、绿泥石、铁锰碳酸盐、石英等共生。

毒砂（$FeAsS$）：毒砂在矿区大量发育，其可交代早期黄铁矿、胶状黄铁矿，常呈自形晶，与闪锌矿、黄铁矿、黄铜矿和铜的硫盐矿物共生（图 4.11）。

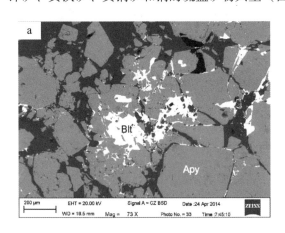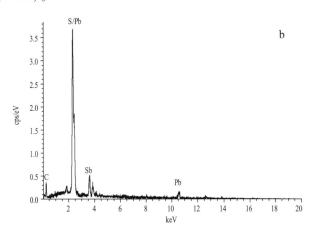

图 4.11　硫锑铅矿的二次电子图像（a）及 X 射线能谱图（b）

Apy—毒砂；Blt—硫锑铅矿

闪锌矿（ZnS）：是矿区主要矿石矿物，矿区发育的闪锌矿因铁含量的不同而呈现不同的颜色，镜下透光观察呈半透明、红棕色至浅棕色，镜下可见浅棕黄色闪锌矿交代红棕色闪锌矿现象，表明早期形成的闪锌矿含铁较高。闪锌矿中铁的含量与其形成的压力有关，因此晚期透明闪锌矿的形成应代表较低的压力条件。闪锌矿常与石英、铁锰碳酸盐、绿泥石、方铅矿、黄铁矿和毒砂共生，在铜银矿石中常见与黄铜矿、黝铜矿共生。

方铅矿（PbS）：是矿区主要矿石矿物，常与石英、铁锰碳酸盐、绿泥石、黄铁矿和毒砂共生，在铜银矿石中常见与黄铜矿、黝铜矿共生。

黄铜矿（$CuFeS_2$）：黄铜矿是矿区主要的铜矿物。镜下呈铜黄色，呈不规则状包裹于闪锌矿中或与毒砂、闪锌矿共生。常见黝铜矿、硫锑铜矿和硫铜锑矿交代黄铜矿现象。

黝铜矿（$Cu_{12}Sb_4S_{13}$）：镜下观察仅在样品 HNT1020 中见到呈不规则集合体分布于菱铁矿、黄铁矿和毒砂附近，呈亮白色金属光泽，经过 SEM/EDS 实验分析发现其中 Ag 元素含量较高，应为银黝铜矿（如图 4.12，图 4.13）。

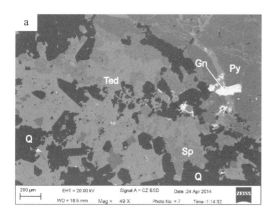
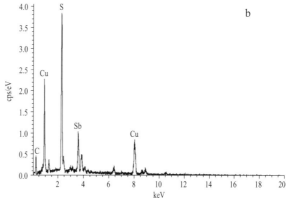

图 4.12 黝铜矿背散射电子图像（a）及 X 射线能谱图（b）

Th—黝铜矿；Sp—闪锌矿；Py—黄铁矿；Gn—方铅矿；Q—石英

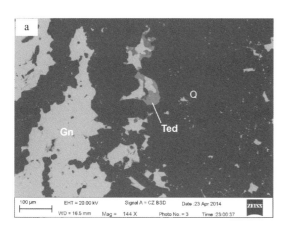
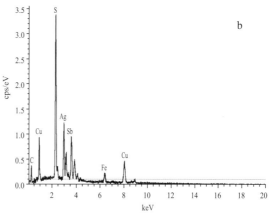

图 4.13 银黝铜矿的背散射电子图像（a）及 X 射线能谱图（b）

Ted—银黝铜矿；Gn—方铅矿；Q—石英

氧化物矿物

金红石（TiO_2）：在蚀变岩体和蚀变地层中均较发育，常与绿泥石、锆石、磷灰石、碳酸盐矿物共生，常见假象绿泥石中包裹金红石，为黑云母蚀变产物（图 4.9）。

磁铁矿（Fe_3O_4）：在西区常见呈脉状或浸染状分布于蚀变岩体中，或与绿帘石、石英、绿泥石构成细脉状。

锡石（SnO_2）：扫描电镜下常见其与其他硫化物矿物共生，如闪锌矿（图 4.14）、方铅矿毒砂和

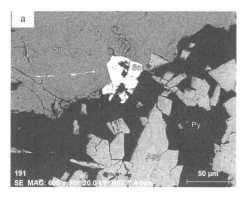
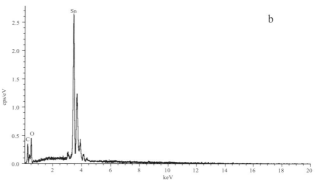

图 4.14 锡石的二次电子图像（a）及 X 射线能谱图（b）

Sn—锡石；Sp—闪锌矿；Py—黄铁矿；Apy—毒砂

黄铁矿等，常呈自形－半自形的柱状或粒状产出。

赤铁矿（Fe_2O_3）：常与针状或片状，与磁铁矿、绿帘石等共生，可见赤铁矿交代磁铁矿现象。

硅酸盐矿物

硅酸盐矿物包括钾长石、绿泥石、绢云母、伊利石、蒙脱石、锆石等。

钾长石（$KAlSi_3O_8$）：手标本中常见于花岗岩中石英脉的两侧，或以钾长石斑晶出现在斑岩中，呈白色或肉红色，镜下常见其与石英共生，在石英－绿泥石－硫化物阶段常呈钾长石晕发育于石英－绿泥石脉两侧。

白云母（$KAl_2(AlSi_3O_{10})(OH)_2$）：在野外破碎带中非常发育，手标本中常见其浸染状或与石英构成脉状产出于蚀变岩体或蚀变地层中，在地表石英脉两侧及岩体与围岩接触带处最为发育。

绿泥石（$Y_3[Z_4O_{10}](OH)_2·Y_3(OH)_6$）：是矿区比较常见的蚀变矿物，常呈不规则团状、脉状产出，或交代岩体中暗色矿物。常与石英、黄铁矿、闪锌矿、方铅矿、金红石、稀土矿物等共生。

锆石（$Zr[SiO_4]$）：常见于蚀变岩体内，为岩体副矿物，并常见蚀变成因的锆石产出，其常与磷灰石、稀土矿物、白云母共生。

黏土矿物：短波红外光谱结果表明，矿区黏土矿物以伊利石为主，另可见蒙脱石、高岭石等。

碳酸盐矿物

方解石（$CaCO_3$）：主要产于第Ⅲ和第Ⅳ阶段，第Ⅲ阶段方解石可与硫化物、石英共生，第Ⅳ阶段方解石为白色、质纯，未见与金属矿物共生。

菱铁矿（$FeCO_3$）：常见于矿区地表及岩心中，常与绿泥石、石英和硫化物共生构成细脉或网脉状，地表常因风化形成褐铁矿，经过SEM/EDS分析其中含Mn较高（图4.15），应是Mn置换Fe的结果。

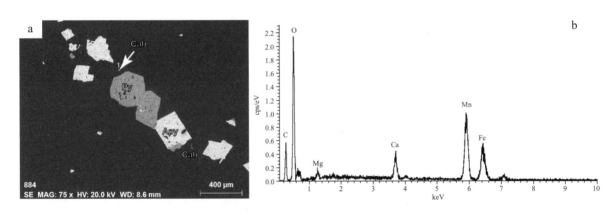

图4.15　铁锰碳酸盐矿物的背散射电子图像（a）和X射线能谱图（b）
Py—黄铁矿；Apy—毒砂；Cab—铁锰碳酸盐

铁锰碳酸盐矿物：是主成矿期主要脉石矿物，主要包括菱铁矿、铁菱锰矿，其常与黄铁矿、毒砂、闪锌矿、石英等构成脉状，其主要为Mn、Fe的碳酸盐，并含少量Mg（图4.16）。

氟碳钙铈矿（$(Ce,La,Nd···)_2Ca[CO_3]_3F_2$）：仅在SEM/EDS分析中发现，其常与磷灰石、绿泥石、白云母、锆石共生（图4.16）。能谱分析还发现其中含少量重稀土Y。

磷酸盐矿物

独居石（$(Ce,La,Nd,Th)PO_4$），主要产于蚀变岩体中，与绿泥石、金红石、锆石共生。能谱显示其常含少量的Ag（图4.17）。独居石可呈岩体副矿物或蚀变矿物，多为云英岩化蚀变期产物。

磷灰石（$Ca_5[PO_4]_3(F,Cl,OH)$），矿区中主要以副矿物见于花岗岩中，集合体呈粒状，镜下呈浅绿、灰白色，通过SEM/EDS发现有时可含有少量的Ag。

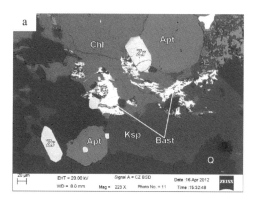
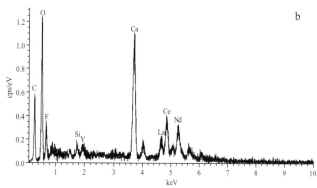

图 4.16　氟碳铈矿的二次电子图像及 X 射线能谱图

Bast—氟碳钙铈矿；Apt—磷灰石；Zr—锆石；Chl—绿泥石；Ksp—钾长石

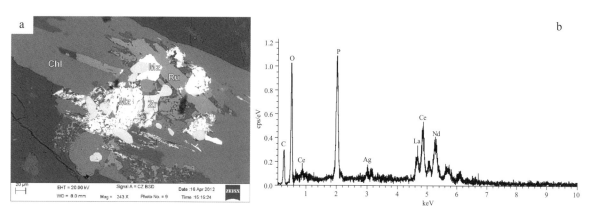

图 4.17　独居石的二次电子图像及 X 射线能谱图

4.1.5　矿区的主要蚀变特征

野外和镜下鉴定结果表明，矿区内蚀变普遍发育，主要蚀变类型包括云英岩化、绿泥石化、硅化、磁铁矿化、绿帘石化、钾长石化、硫化物矿化、金红石化等。

绿泥石化：在矿区发育较为普遍，特别是中区钻孔中发育较强的绿泥石化，其主要矿物组合为绿泥石、石英、黄铁矿、闪锌矿、方铅矿等。常沿裂隙和断裂呈脉状、网脉状产出，绿泥石化与矿化关系密切。

硅化：主要表现为粗大的石英脉、石英细脉、网脉等，硅化蚀变在矿区普遍发育，但强度不均，局部较强。矿区内硅化蚀变可包括多个期次。

云英岩化：云英岩化是矿区最主要的蚀变类型，也是发育面积最大的蚀变类型。在矿区，无论是岩体中还是围岩地层中均发育一定程度的云英岩化，特别是西区和东区北部。在地表石英大脉两侧和岩体与围岩接触带附近表现最为强烈。主要矿物组合为白云母、石英、磁铁矿、电气石等。

磁铁矿化：主要见于矿区中南部二长花岗斑岩中的石英 – 磁铁矿脉和蚀变岩体中浸染状磁铁矿化，常见磁铁矿被赤铁矿交代现象。

绿帘石化：与磁铁矿化、白云母化紧密共生（图 4.18a，图 4.18b），主要表现为石英 – 磁铁矿 – 绿帘石脉及黑云母二长花岗岩中的浸染状绿帘石化。

电气石化：仅见于矿区西北部，表现为石英 – 电气石细脉。

碳酸盐化：主要表现为铁锰碳酸盐 – 硫化物脉、方解石脉或方解石 – 石英脉（图 4.18c），在矿区钻孔岩心和地表均较发育。地表的铁锰碳酸盐由于风化常形成铁锰氧化物网脉。

黄铁矿化：是矿区较为发育的蚀变类型，常表现为浸染状黄铁矿化和石英－绿泥石－黄铁矿脉或黄铁矿细脉（图4.18d）。常见黄铁矿与闪锌矿、方铅矿、黄铜矿、毒砂等共生。

毒砂化：在矿区普遍发育，常表现为蚀变岩中浸染状自形毒砂晶粒或细脉状毒砂、石英－毒砂细脉、网脉。可见毒砂交代黄铁矿和黄铁矿交代毒砂现象。

褐铁矿化：主要表现为地层中的网脉状褐铁矿化、褐铁矿胶结角砾岩及蚀变岩体中褐铁矿脉（图4.18f），可能是由于原硫化物脉或含铁碳酸盐脉风化而成。

钠长石化：发育于石英－白云母脉的边部（图4.18e），主要由钠长石组成，局部看似钠长石岩。

黏土矿化：主要表现为蚀变花岗岩中长石的黏土矿化及围岩中裂隙状黏土矿化等。

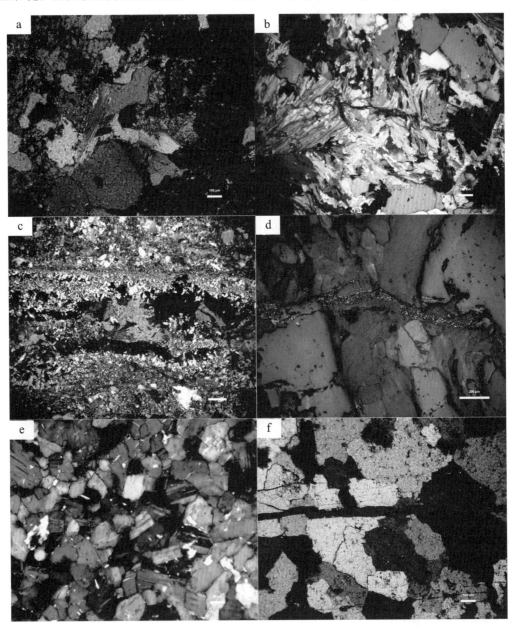

图4.18　矿区主要蚀变岩的显微镜下照片

a—钾长花岗岩中的白云母化和绿帘石化（正交偏光）；b—钾长花岗岩中的白云母化（正交偏光）；c—蚀变花岗岩中石英－硫化物－碳酸盐脉（正交偏光）；d—白云母化钾长花岗岩中黄铁矿细脉（反射光，单偏光）；e—石英－白云母脉边部的钠长石化（正交偏光）；f—钾长花岗岩中褐铁矿细脉（正交偏光）

4.2 矿床地球化学

4.2.1 成矿流体特征及流体演化

（1）样品及测试方法

包裹体研究所用样品分别采自西、中两个矿区。首先将石英磨制成双面抛光的包裹体片，然后进行详细的显微镜下观察，确定包裹体类型和岩相学特征，在此基础上选择了有代表性的样品进行显微测温分析和包裹体成分的激光拉曼探针（LRM）分析。包裹体中水的氢氧同位素分析采用破碎至40目的石英单矿物样品，采用分阶段爆裂法提取包裹体中水进行包裹体中水的 H 同位素分析，包裹体中水的 O 同位素分析按 Clayton 的分馏方程，根据石英的氧同位素值和包裹体均一温度计算得出。矿石中硫化物的 S 同位素测试样品为黄铁矿和毒砂单矿物样品。

包裹体显微测温分析在北京科技大学包裹体实验室进行，仪器为 Linkam THMS 600 型冷热台，温度范围为 $-196 \sim +600℃$，冷冻数据和均一温度数据精度分别为 $\pm0.1℃$ 和 $\pm1.0℃$。单个流体包裹体气液成分的激光拉曼探针（LRM）分析在核工业北京地质研究院分析测试研究中心流体包裹体实验室进行，仪器为 Lab RAM HR800 研究级显微激光拉曼光谱仪，波长 532 nm 的 Yag 晶体倍频固体激光器，本次实验选择所测光谱的计数为 6/s，共扫描 6 次，波段范围为 $100 \sim 4200$ cm^{-1}。激光束斑大小约为 1 μm（即可以对 >1 μm 的包裹体进行拉曼光谱分析），光谱分辨率 0.14 cm^{-1}，温度为 25℃，湿度为 50%。

H、O 同位素分析在核工业北京地质研究院分析测试研究中心稳定同位素实验室完成，测试仪器为质谱仪 MAT – 253。硫化物的 S 同位素分析测试由核工业北京地质研究院分析测试中心稳定同位素实验室完成。测试仪器为质谱仪 MAT – 251。

（2）流体包裹体岩相学特征

通过详细的显微镜下观察，发现该矿床无论是石英还是方解石中均含有大量的流体包裹体，大小从几个至几十个微米不等，包裹体的形状多为椭圆形、负晶形和不规则形状。根据流体包裹体在室温下的相态特征、冷冻/升温过程中相变行为，并结合 LRM 的气液成分分析结果，可以将花脑特银 – 多金属矿床的流体包裹体分为 2 种类型：

ADV 类：室温下由气相、液相和子矿物相组成。主要发育于钾硅化阶段的石英晶洞和磁铁矿石英脉的石英中。这类包裹体多为孤立分布，大小多为 $5 \sim 15$ μm，形状多为椭圆形和不规则形状。包裹体岩相学特征表明，包裹体中常含多个子矿物，除含有钾石盐、石盐子矿物外还发现有赤铁矿、黄铜矿及其他未知子矿物（图 4.18b）。

AV 类：室温下由气相和液相组成，气相充填度变化较大，加温后可均一为气相和液相。根据其室温下的相态组成及加温后的均一相态，可将其进一步分为两个亚类：

AV – 1 亚类：室温下由液相和气相组成，气相充填度在 5% ~ 30%。这类包裹体在Ⅰ，Ⅱ、Ⅲ、Ⅳ阶段石英中都大量发育，包裹体分布状态多以孤立状或以包裹体群形式存在，大小多为 $5 \sim 20$ μm，形状多为椭圆形、负晶形和不规则形状（图 4.18a、图 4.18d）。

AV – 2 亚类：室温下由气相和液相组成，大小多为 $10 \sim 15$ μm，形状多为椭圆形和不规则形状，气相充填大于 50%，有时可达到 90% 以上或为纯气相包裹体。这类包裹体主要赋存在早期的钾硅化阶段，与含子晶的多相包裹体（ADV 类）、富液相包裹体（AV – 1 亚类）共存，构成沸腾包裹体群（图 4.19a，4.19c）。

（3）包裹体显微测温

本次主要对 10 件样品的石英和方解石中的流体包裹体进行了显微测温分析，显微测温样品包括晶洞石英、石英磁铁矿脉中石英、云英岩化阶段石英以及主矿化阶段的石英和方解石等。包裹体显微测试结果见表 4.2。由表中可以看出：

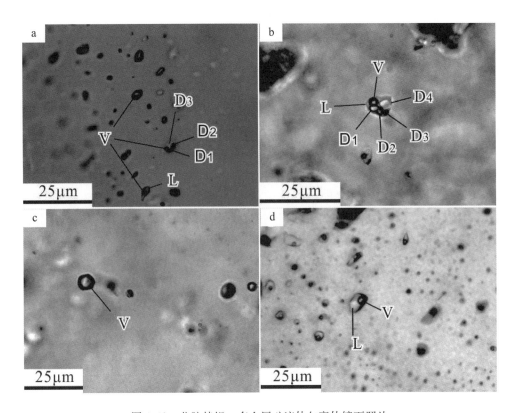

图 4.19　花脑特银－多金属矿流体包裹体镜下照片

a—含子晶多相（ADV 类）流体包裹体与不同气相充填度的 AV－1 和 AV－2 类流体包裹体共生；b—晶洞石英中富
含多个子晶体的 ADV 类流体包裹体；c—纯气相（AV－2）流体包裹体；d—气液两相（AV－1）流体包裹体

表 4.2　花脑特银多金属矿流体包裹体显微测温数据表

成矿阶段	样品	包裹体类型	寄生矿物	大小/μm	T_{ice} 冰点/℃	T_m 子晶融化温度/℃	$T_{h(1-v)}$ 气液均一温度/℃	均一方式	盐度/%
I	HNT1144	ADV	石英	6 ~ 12.2		397 ~ 434（5）	224 ~ 294（5）	→L	47.12 ~ 51.32
		AV1		8 ~ 35	－15 ~ －4（7）		294 ~ 381（17）	→L	6.45 ~ 18.63
		AV2		10.5 ~ 16.5			361 ~ 396（3）	→V	
	HNT1349	AV1	石英	6 ~ 20	－13 ~ －8.6（4）		255 ~ 365（16）	→L	12.39 ~ 16.89
		AV2		14			370（1）	→V	
	HNT1296	AV1	石英	7.5 ~ 9.8	－11 ~ －10.6（2）		313 ~ 327（2）	→L	14.57 ~ 14.97
	HNT2346	ADV	石英	7 ~ 13.8		282 ~ 394（5）	216 ~ 285（5）	→L	36.83 ~ 46.58
		AV1		11 ~ 13	－11 ~ －4.5（2）		375 ~ 401（4）	→L	7.17 ~ 14.97
	HNT1125	AV1	石英	5.8 ~ 10.1	－15 ~ －11.8（2）		297 ~ 342（13）	→L	15.76 ~ 18.63
II	HNT1209	AV1	石英	6 ~ 15.5	－2.8 ~ －0.6（12）		331 ~ 374（17）	→L	1.05 ~ 4.65
	HNT1051	AV1	石英	4 ~ 23	－2.5 ~ －0.4（9）		281 ~ 344（14）	→L	0.71 ~ 4.18
	HNT1303	AV1	石英	5 ~ 18	－2.1 ~ －1.5（6）		290 ~ 329（7）	→L	2.57 ~ 3.55
		AV2		11 ~ 14.8			335 ~ 343（5）	→V	
III	HNT1258	AV1	石英	4.4 ~ 9.2	－3.4 ~ －0.6（9）		192 ~ 267（13）	→L	1.05 ~ 5.56
	HNT1331	AV1	方解石	4.3 ~ 10.8	－2.7 ~ －1.9（3）		238 ~ 279（10）	→L	3.22 ~ 4.49

　　1）钾硅化阶段石英中发育含子晶多相包裹体和富气、富液流体包裹体组合。ADV 型包裹体的气液相均一温度（T_{h1-v}）集中在 238 ~ 294℃，子矿物熔化温度（Tm）范围为 282 ~ 434℃，根据子晶融

化温度推算的盐度为36.83% ~ 51.32%。与高盐度流体包裹体共生的富液相流体包裹体（AV－1）气液相均一温度为255 ~ 402℃，冰点温度为 － 15 ~ － 4℃，据冰点温度估算的盐度范围为6.45% ~ 18.63%。此外还发现有过饱和的亚稳流体包裹体，测得冰点温度为 － 25.8℃，气液相均一温度为396℃，均一到液相。AV－2型富气包裹体的均一温度在361 ~ 396℃之间，均一到气相。

2）云英岩化阶段包裹体类型较为单一，主要为AV－1型富液相流体包裹体，测得这类包裹体的均一温度为281 ~ 374℃，均一到液相，冰点范围集中在 － 2.8 ~ － 0.4℃，根据体系冰点与盐度的关系推算出其盐度在0.71% ~ 4.65%，显示低盐度流体特征。

3）石英－绿泥石－硫化物阶段主要发育AV－1型富液流体包裹体，测得这类包裹体的均一温度为192 ~ 279℃，均一到液相，冰点范围集中在 － 3.4 ~ － 0.6℃，据冰点温度估算的盐度范围为1.05% ~ 5.56%。

（4）流体包裹体成分的 LRM 分析

本次研究对石英和方解石中的 ADV 型、AV－1 型和 AV－2 型流体包裹体进行了气液相成分的激光拉曼显微探针（LRM）分析，结果表明钾硅化阶段的 ADV 类包裹体液相显示了清晰的 H_2O 峰（图 4.20a），气相中除水外，还发现有 CO_2 和 H_2（图 4.20b、c）；富气相 AV－2 型流体包裹体在拉曼位移1283、1386 处显示了 CO_2 谱峰外，在 2328 处和 2916 处还显示了 N_2 和 CH_4 的谱峰（图 4.20d）。云英岩化阶段的富液相 AV－1 型流体包裹体液相显示了明显的 H_2O 峰（图 4.20e），而气相成分显示了 CO_2 谱峰（图 4.20f）。石英－绿泥石－硫化物阶段所测的 AV－1 型流体包裹体液相以水为主，气

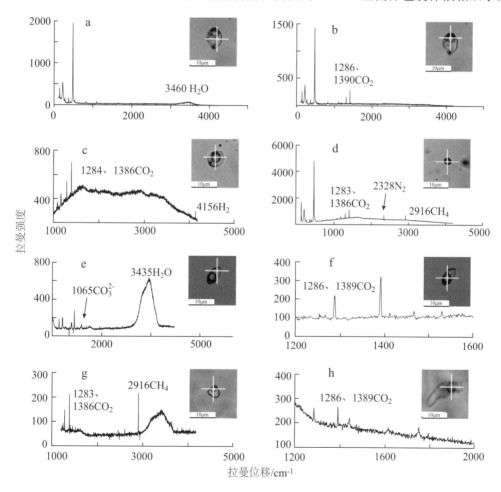

图4.20 花脑特银－多金属矿流体包裹体气液相成分 LRM 分析谱图

a—ADV 型包裹体液相成分，HNT1144；b—ADV 型包裹体气相成分，HNT1144；c—ADV 型包裹体气相成分，HNT1314；d—AV_2 型包裹体液相成分，HNT1209；e—AV_2 型流体包裹体液相成分 HNT1259；f—AV_2 型包裹体气相成分，HNT1259；g—AV_1 型流体包裹体中气相（HNT1258，第Ⅲ阶段石英）；h—AV_1 型流体包裹体中气相（HNT1331，第Ⅲ阶段方解石）

相了显示 CO_2 和 CH_4 的谱峰。

（5）流体包裹体成分的 LA – ICP – MS 分析

激光剥蚀电感耦合等离子质谱（LA – ICP – MS）是近些年来发展迅速的微区微量元素分析技术。对于固体物质的主量、微量元素以及同位素分析，激光剥蚀是一个强大且普遍应用的原位采样技术，而 ICP – MS 则是一个高灵敏度、高精确率、低检出限、多元素同时检测并可提供同位素比值信息的元素分析技术。LA – ICP – MS 将二者相结合，从而同时获得了高空间分辨率、原位采样能力以及多元素的高精度快速检测能力。

本次 LA – ICP – MS 实验在澳大利亚 Jame Cook 大学高级测试中心（AAC）进行。测试对象为正长花岗斑岩中晶洞石英和早期钾硅化阶段石英脉。首先对该晶洞石英进行了阴极发光分析，结果表明，石英生长环带清楚（图 4.21），但明显有自交代现象。石英中流体包裹体并非沿生长环带分布，而是自晶洞内向外切穿石英生长环带，呈假次生包裹体的形式存在。石英中流体自交代现象也显示了由晶洞中心向外沿微裂隙分布的特征，表明交代流体来自晶洞中残余流体，因此这些流体代表了岩浆出溶流体经石英、长石结晶后的残余流体。石英的 EPMA 结果（表 4.3）和石英、长石的 LA – ICP – MS 结果并未显示高的金属含量，表明成矿金属主要进入了残余流体相。晶洞石英中流体以高盐度、富含金属子矿物为特征，其代表了岩浆出溶流体的特征。流体包裹体的 LA – ICP – MS 结果表明（图 4.22），包裹体中除检测出 Cl、K、Na、Ca、Al 等元素外，还检出了 Mn、Fe、Cu、Pb、Zn、Sb、Sn、As、Ag、Mo 等，包裹体中检出的金属元素组合与矿区和区域内已知矿床的矿化十分吻合，表明岩浆出溶流体对成矿的贡献。对晶洞石英中 CL 暗色区域（流体自交代产物）的 LA – ICP – MS 结果也表明，其蚀变产物富含 Mn、Fe、Cu、Pb、Zn、Sb、Sn、As、Ag、Mo 等元素，与流体包裹体结果吻合，进一步证实该流体具有搬运成矿金属的能力。

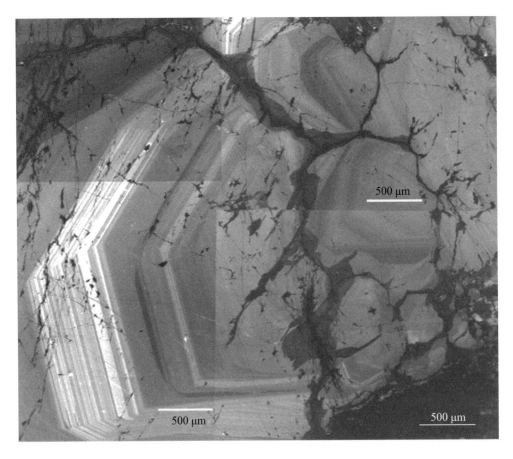

图 4.21　斑状石英二长岩晶洞石英的阴极发光（CL）图像

70

表 4.3 晶洞状石英的 EPMA 结果

	Na₂O	SiO₂	FeO	K₂O	Al₂O₃	MgO	MnO	CaO	SrO	F	TiO₂
	0.02	98.36	/	0.02	0.03	/	/	/	0.42	0.29	/
	/	99.32	/	/	0.03	/	/	/	0.46	0.24	/
	0.99	65.15	0.07	15.39	18.46	/	/	/	0.37	/	/
HNT-2346-2	0.80	64.91	0.08	15.45	18.06	/	/	/	0.29	/	0.03
	11.56	67.91	0.06	0.12	19.56	/	/	0.22	0.31	/	/
	10.90	67.00	0.08	0.15	19.15	/	/	1.47	0.30	/	/
	0.89	64.86	0.07	15.65	18.50	/	/	/	0.28	0.24	/
	11.16	67.73	0.16	0.17	18.76	/	/	0.98	0.29	/	/

	SO₃	NiO	PbO	BaO	Au₂O	V₂O₃	CuO	Cr₂O₃	ZnO	总量	空白
	/	0.03	0.07	0.07	0.14	/	/	/	/	99.45	/
	/	/	0.07	/	/	/	/	/	0.06	100.18	/
	/	/	0.04	0.08	/	/	0.03	/	/	100.59	/
HNT-2346-2	0.02	/	/	0.13	/	/	/	/	/	99.77	0.02
	/	/	/	/	/	/	0.04	/	/	99.78	/
	/	/	0.08	0.08	/	/	0.03	/	/	99.24	/
	/	0.03	0.07	0.07	0.14	/	/	/	/	99.45	/
	/	/	/	0.07	/	/	/	/	0.06	100.18	/

4.2.2 稳定同位素研究

（1）包裹体中水的 H、O 同位素组成

本次对 12 件不同成矿阶段石英样品中流体包裹体的氢、氧同位素组成进行分析，结果见表 4.4。由表 4.4 可以看出，钾硅化阶段 δD 范围为 $-76.3‰ \sim -88.8‰$，$\delta^{18}O$ 值为 $9.5‰ \sim 4.7‰$；云英岩化阶段 δD 范围为 $-117.8‰ \sim -92.8‰$，$\delta^{18}O_{H_2O}$ 值为 $4.2‰ \sim 5.8‰$；石英 - 绿泥石 - 硫化物阶段的 δD 范围为 $-97.4‰ \sim -99.4‰$，$\delta^{18}O_{H_2O}$ 值为 $-4.3‰ \sim -4.7‰$。在氢氧同位素图解（图 4.23）中，早期钾硅化投影点落在岩浆水范围内，云英岩化阶段投影点落在岩浆水下方，其 $\delta^{18}O_{H_2O}$ 与钾硅化阶段相似，而石英 - 绿泥石化阶段投影点明显偏离岩浆水，落在靠近大气降水一侧。

表 4.4 花脑特银多金属矿 H、O 同位素组成

序号	样品号	矿物	$\delta D_{H_2O}/‰$	$\delta^{18}O_{石英}/‰$	使用均一温度	$\delta^{18}O_{H_2O}/‰$
1	HNT1079	石英	-88.8	11.8	500	9.5
2	HNT1144	石英	-76.3	8.2	500	5.9
3	HNT1120	石英	-84.2	8.7	500	6.4
4	HNT1209	石英	-101.2	11.3	350	5.9
5	HNT1303	石英	-92.8	9.6	350	4.2
6	HNT1349	石英	-83.9	8.2	500	5.9
7	HNT1137	石英	-99.4	4.6	250	-4.3
8	HNT1141	石英	-97.4	4.2	250	-4.7
9	HNT1202	石英	-117.8	10.8	350	5.4
10	HNT1204	石英	-112	11.2	350	5.8
11	HNT1296	石英	-84.5	8.6	500	6.3
12	HNT1310	石英	-150.6	3.0	—	—
13	HNT1343	石英	-84.2	8.3	500	6

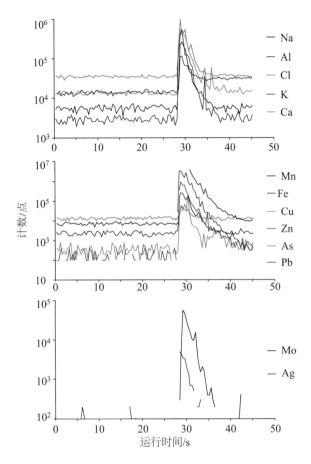

图 4.22　晶洞石英中 ADV 类包裹体 LA－ICP－MS 谱图

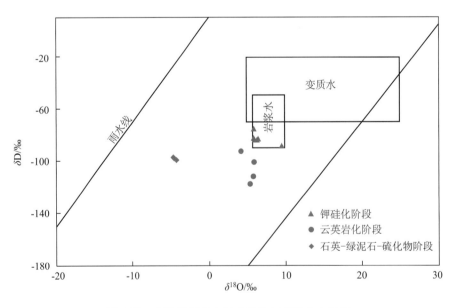

图 4.23　花脑特银多金属矿流体包裹体水中图解

（2）硫化物的硫同位素组成

本次花脑特银多金属矿 $\delta^{34}S_{V-CDT}$ 的数据主要来自各阶段的黄铁矿和毒砂。测试结果（表 4.5）显示，黄铁矿的 $\delta^{34}S_{V-CDT}$ 在零值附近，显示了深源 S 的特征。

表 4.5　花脑特银多金属矿 S 同位素组成

序号	样品编号	矿物	成矿阶段	$\delta^{34}S_{V-CDT}/‰$	序号	样品编号	矿物	$\delta^{34}S_{V-CDT}/‰$	成矿阶段
1	HNT1218	毒砂	Ⅲ	3.8	5	HNT1303B	黄铁矿	0.3	Ⅱ
2	HNT1296A	黄铁矿	Ⅰ	0.3	6	HNT1310	黄铁矿	0.6	Ⅲ
3	HNT1296B	黄铁矿	Ⅰ	−0.3	7	HNT1314A	黄铁矿	0.9	Ⅲ
4	HNT1303A	黄铁矿	Ⅱ	0.3	8	HNT1314B	黄铁矿	1.1	Ⅲ

4.3　成矿流体来源、演化及矿床成因

4.3.1　成矿岩浆性质和出溶流体特征

矿区岩浆活动主要表现为钾长花岗岩、二长花岗（斑）岩、斑状细粒花岗岩、花岗斑岩和石英正长（斑）岩。从野外侵位关系和蚀变特征看，钾长花岗岩在矿区分布规模最大、最早侵位，并已普遍发生蚀变，细粒石英二长岩和二长花岗斑岩侵入于钾长花岗岩和泥盆系地层中。矿区中南部斑状石英正长岩岩石较为新鲜，局部含大量石英钾长石晶洞，且晶洞周围发育明显的钾长石化晕圈，远离晶洞蚀变不发育，表明石英正长岩为较晚侵入的岩石单元。大量长石－石英晶洞的发现表明该岩浆富含挥发分，晶洞石英中流体包裹体代表了岩浆出溶流体的特征。对晶洞石英中流体包裹体的显微测温和成分分析表明，岩浆出溶流体具有高温、高盐度的特征，其中高盐度流体包裹体中含赤铁矿和黄铜矿子矿物，表明岩浆出溶流体富含成矿金属元素。流体包裹体成分的 LA－ICP－MS 结果表明，其中含有多种成矿金属，且金属组合与区域钼、铅锌矿床的金属组合一致，进一步表明流体与成矿的关系。流体包裹体的 H、O 同位素结果表明，早期成矿流体主要来自岩浆水。结合矿的野外地质调查研究、矿区蚀变和矿化的空间分布特征，矿区的矿化和蚀变主要与石英正长岩有关。

对矿区主要金属矿物黄铁矿的硫同位素测试结果表明，其 $\delta^{34}S$ 的范围为 −0.3‰ ~ 1.1‰，均值为 0.45‰，毒砂中的 $\delta^{34}S$ 值相对偏高，为 3.8‰。总体分布较为集中，均在 0 值附近变化，一般认为，这种相对均一的、变化范围较窄、低正值的 S 同位素值指示低硫（深源硫）来源（Hattori et al.，2001），并且最可能是岩浆成因的（杨梅珍等，2011；段士刚等，2011）。因此，推测矿区硫化物中的 S 主要来源于岩浆体系。

4.3.2　流体演化及矿质沉淀机制

从不同成矿阶段包裹体组合看，早期晶洞石英中富含高盐度流体包裹体，且与低盐度的富气相流体包裹体共存，显示了沸腾包裹体组合特征。岩浆在上升侵位过程中由于温度和压力的下降，特别是压力的降低造成其中挥发分出溶，早期出溶流体沸腾形成了高盐度、富含多种成矿金属元素的液相和低盐度、含 CO_2 的气相。流体沸腾过程中，铅锌等成矿金属趋向富集于高盐度液相中，并以氯的络合物形式迁移，而富 CO_2 的气相易向岩浆房顶部快速聚集并向围岩裂隙扩散，造成围岩的大范围云英岩化蚀变。在 $\delta^{18}O－\delta D$ 关系图上，早期晶洞石英和钾长石石英脉中石英投影点位于岩浆水附近，代表了该阶段的流体以岩浆热液为主；云英岩化阶段投影点多位于岩浆水的下方，相对于钾硅化阶段明显富集 H 而贫 D，这可能是由于流体沸腾过程 H 同位素在气液两相中的分馏造成的。而 O 同位素变化不大，且略向右偏移，可能是由于流体在云英岩化过程中的水岩反应造成。石英绿泥石化阶段流体以中低温、低盐度为特征，在 $\delta^{18}O－\delta D$ 图解中，其投影点明显向大气降水方向偏移，表示晚期可能有大气降水的加入。从早期钾硅化阶段到云英岩化阶段，成矿流体温度、盐度均明显降低，而从云英岩化到石英－绿泥石化阶段，成矿流体盐度变化不大，但温度明显降低。

代表早期出溶流体的包裹体中普遍发育高盐富含子矿物的 ADV 型多相包裹体和不同充填度的气

液相流体包裹体，表明流体发生了沸腾作用，流体包裹体中含众多盐类和金属子矿物发育暗示这种高盐度流体有很高的金属携带能力（Vanko，2001）。流体包裹体的 LA – ICP – MS 结果表明，包裹体中除含较高的 Cl、K、Na、Ca、Al 等元素外，还含有一定的 Mn、Fe、Cu、Pb、Zn、As、Ag、Mo、Sn 等金属元素，金属元素组合与矿区已知矿化十分吻合，进一步证实了岩浆出溶流体对成矿的贡献。前人研究表明，在岩浆热液蒸汽相中金属元素的富集能力可能比共存的熔体中富集数百倍（张德会等，2001），因此岩浆出溶流体过程中成矿金属主要集中在流体相中。流体沸腾和大气降水的大量加入导致成矿热液的物理化学条件的快速改变，这可能是造成金属矿物沉淀的主要因素。

4.3.3 矿床成因

从矿床地质特征来看，花脑特银多金属矿床的铅锌矿化主要分布于石英正长岩周围的断裂破碎带和上泥盆统安格尔因乌拉组中，矿化类型以脉状、网脉状、角砾状为主，少数为浸染状，矿化受断裂构造控制明显。矿区蚀变类型多样，包括云英岩化、石英 – 绢云母化、钾硅化和石英 – 绿泥石化和含铁锰的碳酸盐化，铅锌矿化主要与绿泥石化、碳酸盐化有关，而铜银矿化主要与石英 – 绢云母 – 碳酸盐化有关，从矿化的蚀变的空间分布看，矿区蚀变明显与正英石长岩有关，表明矿床与该岩体在成因上具有一定联系。石英正长岩中大量晶洞的发现、晶洞石英中高盐度流体包裹体中多种成矿金属的检出及早期流体包裹体中水的 H – O 同位素结果等均表明成矿与石英正长岩关系密切。

综合矿区蚀变矿化特征、流体包裹体研究结果，该矿床应为与石英正长岩有关的岩浆热液矿床，矿床具有与中等 – 低硫化型浅成低温热液矿床相似的矿化、蚀变特征和矿物组成。

5 迪彦钦阿木斑岩钼矿

迪彦钦阿木钼矿是近年在兴蒙造山带东段发现的大型钼矿床，也是东乌旗地区目前发现的最大的斑岩型钼矿床。矿区位于内蒙古自治区锡林郭勒盟东乌旗境内，目前已探明资源量：钼 77.80×10^4 t（平均品位 0.097 %）、铅 2.32×10^4 t（平均品位 2.61 %）、锌 2.69×10^4 t（平均品位 3.04%）、银 94.48 t，伴生硫 1015.90×10^4 t（中国冶金地质总局第一地质勘查院，2012）。

5.1 矿床地质概况

5.1.1 矿区地层

矿区出露地层相对简单，主要为中奥陶统和上侏罗统（中国冶金地质总局第一地质勘查院，2012；图5.1），包括：

中奥陶统多宝山组（O_2d）：主要分布于该区北部、中部，与上覆中生界侏罗系上统查干诺尔组（J_3c）为不整合接触关系。岩性主要为凝灰质砂岩、凝灰质板岩、硅质岩，其中凝灰质砂岩与凝灰质板岩呈互层状。

上侏罗统查干诺尔组（J_3c）：岩性主要为火山角砾岩、凝灰岩、安山岩、英安岩，为一套基性 – 酸性熔岩及火山碎屑岩组合，在矿区中北部及南部呈小面积基岩出露，多见于钻孔岩心中，主要分布于17线以南洼地中，在矿区呈北北东向带状分布。含矿安山岩、凝灰岩中锆石 U – Pb 年龄为 165.8 + 2.8 Ma（中国冶金地质总局第一地质勘查院，2012）。

第四系全新统（Q）：广泛分布于沟谷洼地中，主要为冲积、洪积形成的砂砾层，湖积淤泥及风积形成的砂质土、粉砂 – 细砂。

5.1.2 矿区构造

矿区构造复杂，包括褶皱和断裂。矿区褶皱总体呈北西走向的宽缓背斜，其叠加在早期近东西向褶皱构造之上。矿区断裂构造发育，包括断层和节理，断层类型包括半推断层、逆断层和正断层。断层走向主要为北东和北西，其中北西向张性断裂与成矿关系密切。

北东向压性断层（控矿构造），为逆断层及逆冲断层，包括区内的 F_2、F_3 和 F_4。F_2 走向约48°，倾向318°，倾角80°~85°，表现为压性逆断层；F_3 断层位于 F_2 断层北侧，推测为 F_2 断层的分支断裂构造，产状基本与 F_2 断层一致，走向48°，倾向318°，倾角80°；F_4 为一条走向55°，倾向325°，倾角70°左右的压性断层，其向东延伸至 F_5 断层，被 F_5 错断。钻孔内见断层破碎带宽度 20 ~ 30 m，破碎带中间可见断层泥与泥质胶结的断层角砾。

北西向张性、张扭性的断裂裂隙带（容矿构造）包括 F_5 和 F_1。F_5 为走向北西（310°~340°），倾向南西，倾角40°左右的张性断层。该断层破碎带由一系列北西走向规模不等的断层、碎裂蚀变带组成，大多被钼多金属矿交代充填，该组构造是本区的主要容矿构造，形成了一系列北西走向的矿化带或矿体密集带。F_1 为一条区域性断层，从矿区的东北角通过，断层发育于奥陶系与侏罗系地层中，断层走向约310°，断层倾向不清，其北东盘向北西位移，南西盘向南东方向运动，显示张性断层的特征。

5.1.3 矿区侵入岩

矿区地表和钻孔岩心中多见侏罗系火山岩和火山碎屑岩，但侵入岩在矿区不发育，仅在少数

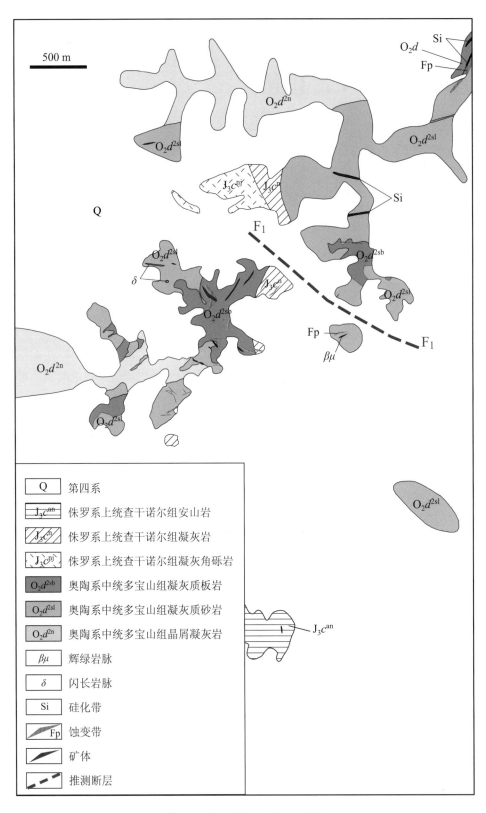

图 5.1 迪彦钦阿木矿区地质图

(据中国冶金地质总局第一地质勘查院, 2010 修绘)

钻孔岩心中见侵入岩脉, 岩石类型包括花岗斑岩、石英二长斑岩、细粒正长岩 (图 5.2a) 和基性岩等 (图 5.2b)。由于蚀变强烈, 基性岩中暗色矿物均已蚀变, 可见暗色矿物蚀变为黄铁矿和金红石，由其蚀变产物推测其原生暗色矿物应以黑云母为主，其成分应与煌斑岩相似。在细粒正长岩中可见萤石－石英细脉，其中晶体定向生长，呈UST结构（图5.3），是岩浆出溶流体的证据。

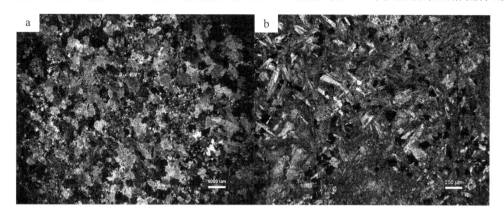

图5.2　矿区侵入岩的显微镜下照片
a—细粒正长岩；b—蚀变基性脉岩

图5.3　细粒正长岩脉及其中的石英－萤石细脉的显微镜下照片
a—细粒正长岩脉及其中的石英－萤石；b—细粒正长岩脉；c—正长岩与石英－
萤石呈脉过渡关系；d—石英—萤石脉中硬石膏

5.2　矿区的矿化和围岩蚀变

5.2.1　矿区的矿体和矿化特征

矿区主要矿化类型为细网脉状、脉状、浸染状，主要矿石矿物为辉钼矿，少量黄铜矿、闪锌

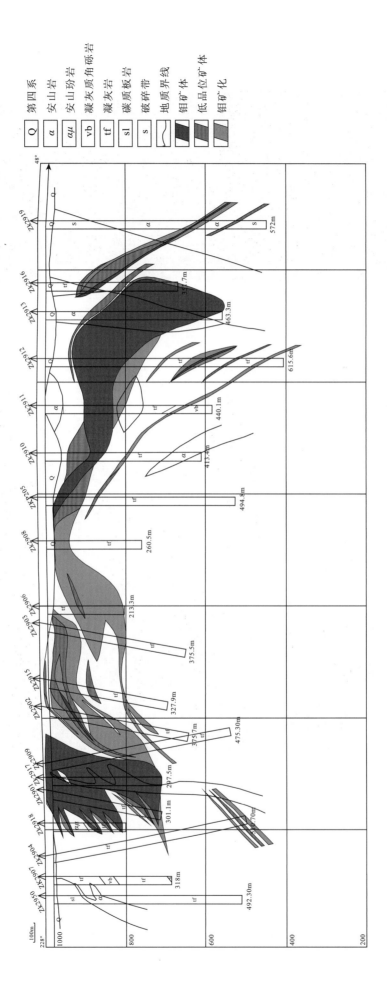

图 5.4 迪彦钦阿木矿区铅锌银钼矿Ⅲ号带29勘探线资源/储量估算剖面图

(据中国冶金地质总局第一地质勘查院，2010修绘)

第四系 Q
安山岩 α
安山玢岩 αμ
凝灰质角砾岩 vb
凝灰岩 tf
碳质板岩 sl
凝灰质板岩 s
地质界线
破碎带
钼矿体
低品位矿体
钼矿化

78

矿、方铅矿等。目前勘查结果表明，矿体平面投影图显示近圆角正长形的环状，剖面图也显示近"鼓"状的形态（图5.4），总体显示受北东、北西两组断裂控制，但总体矿化类型具有斑岩型矿化特征。

根据野外脉体穿插关系及矿相学鉴定结果，矿区成矿过程可分为5个成矿阶段，其矿物组成分别为：

Ⅰ：石英－钾长石－萤石阶段：主要矿物组成包括石英、萤石、钾长石、辉钼矿、铁锂云母等。

Ⅱ：石英－白云母（绢云母）阶段：主要矿物组成包括石英、白云母（绢云母）、黄铁矿、金红石、萤石、辉钼矿，及少量黄铜矿、黄铁矿等。

Ⅲ：绿帘石－磁铁矿阶段：主要矿物组成包括绿帘石、磁铁矿、赤铁矿、石英、方解石、阳起石，绿泥石等。

Ⅳ：绿泥石－碳酸盐－黄铁矿阶段：主要矿物组成包括绿泥石、方解石、石英、赤铁矿、黄铁矿、闪锌矿、黄铜矿等。

Ⅴ：泥化阶段：主要表现为长石等黏土矿化，主要矿物组成为黏土矿物（伊利石等），含少量黄铁矿、方铅矿、闪锌矿等。

5.2.2 矿区的围岩蚀变

区内主要钼矿化包括浸染状钼矿化和脉状－网脉状钼矿化，主要发育于蚀变火山岩中或强硅化岩石中。辉钼矿常与萤石、石英、黄铁矿等构成细网脉状。

矿区围岩蚀变发育，其中以强硅化为典型特征，主要蚀变类型包括：硅化、钾长石化、绿泥石化、绿帘石化、黄铁矿化、磁铁矿化、赤铁矿化、萤石化、毒砂化、碳酸盐化、白云母化、绢云母化等。

钾硅化：主要表现为蚀变火山岩中的石英－钾长石脉和粗晶石英、钾长石团块，主要见于钻孔岩心中。个别钻孔岩心中可见厚约60~70 m的强硅化带，并含少量钾长石。

硅化：表现为蚀变火山岩中粗石英脉、脉状－网脉状硅化和浸染状硅化等，硅化在矿区表现出多期的特征。

磁铁矿化：见于矿区各类岩石之中，主要呈细粒浸染状分布在蚀变火山岩之中，或者呈团块状磁铁矿－辉钼矿分布于岩石裂隙或者角砾岩之中。常见到辉钼矿与磁铁矿紧密共生的现象，且辉钼矿常晚于磁铁矿。

萤石化：是矿区最具特征性和标志性的热液蚀变现象之一，萤石常与石英、白云母、辉钼矿和黄铁矿共生（图5.5a）。

绿帘石化：常见蚀变火山岩中的绿帘石化，与磁铁矿、赤铁矿、绿泥石共生（图5.5b）。

黄铁矿化：在矿区特别发育，常见于各类岩石之中，包括浸染状和脉状黄铁矿化，矿区黄铁矿化与钼矿化密切相关。图5.5c中显示黄铁矿细脉切穿磁铁矿。

白云母化（或金云母）：是矿区特征性蚀变类型之一，常见于石英二长斑岩和花岗斑岩之中，表现为白云母与石英、辉钼矿、黄铁矿组成细脉穿插蚀变斑岩。白云母化与钼矿化关系十分密切。

绢云母化：常见蚀变火山岩和蚀变侵入岩脉中长石的绢云母化。

绿泥石化：主要见于蚀变火山岩中暗色矿物或蚀变基性岩的绿泥石化，或与碳酸盐一起组成脉状。

碳酸盐化：碳酸盐矿物包括方解石、白云石和菱铁矿，常与石英、萤石、硫化物等组成脉状（图5.5d）。

泥化：主要为蚀变火山岩中长石的黏土矿化和蚀变侵入岩脉中长石的黏土矿化，也可见裂隙状黏土矿化。

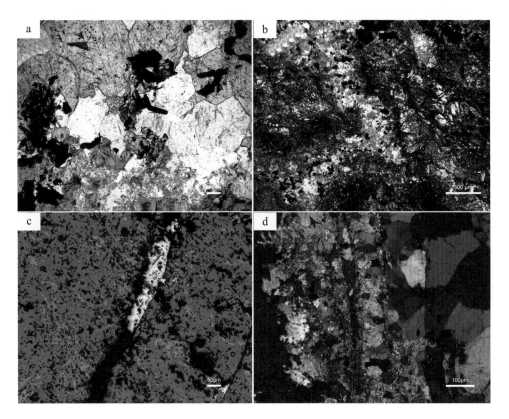

图5.5 矿区主要蚀变类型显微镜下照片

a—萤石化；b—绿帘石化；c—黄铁矿化；d—碳酸盐化

5.3 主要岩浆岩的地球化学及年代学研究

矿区地表及钻孔岩心样品可见的主要岩浆岩和火山碎屑岩有：安山岩、火山凝灰岩、火山角砾岩、花岗斑岩、石英二长斑岩和细粒正长岩。中国科学院地球化学研究所对该区岩浆岩进行了系统的常量元素、稀土元素和微量元素分析，并与矿区附近的达赛脱岩体（黑云母二长花岗岩）和查干敖包铁－锌矿区的英安斑岩进行了对比研究（中国科学院地球化学研究所，2010）。

5.3.1 常量元素特征

综合迪彦钦阿木矿区及周边岩浆岩的 TAS、亚碱性 $SiO_2 - AR$ 判别及 $A/NK - A/CNK$ 图解分析来看，蚀变石英二长斑岩、蚀变花岗斑岩、6号井花岗斑岩、达赛脱岩体及查干敖包英安斑岩均落入花岗岩区域（图5.7），均属于过铝质系列（图5.8）。蚀变花岗斑岩1件样品落入钙碱性系列，2件落入碱性系列，可能是岩石遭受蚀变所致，应该还属于碱性系列。故蚀变石英二长斑岩、蚀变花岗斑岩、6号井花岗斑岩及达赛脱岩体（黑云母二长花岗岩）属于碱性系列，查干敖包英安斑岩属于钙碱性－碱性系列（图5.8）。

在化学组成上，蚀变石英二长斑岩、蚀变花岗斑岩、6号井花岗斑岩及达赛脱岩体（黑云母二长花岗岩）属于过铝质碱性系列花岗岩，查干敖包英安斑岩属于过铝质钙碱性－碱性系列花岗岩。

铝饱和指数（A/CNK）通常作为划分 I 型和 S 型花岗岩的标志（I 型，$A/CNK < 1.11$，Chappell and White，1992），据图5.7分析蚀变石英二长斑岩、蚀变花岗斑岩、6号井花岗斑岩、达赛脱岩体及查干敖包英安斑岩的 A/CNK 均大于1.11，属于 S 型花岗岩。但据 Whalen 指标进行花岗岩判定（图5.9），蚀变花岗斑岩全部落在 A 型花岗岩区域，其他如蚀变石英二长斑岩、查干敖包英安斑岩、

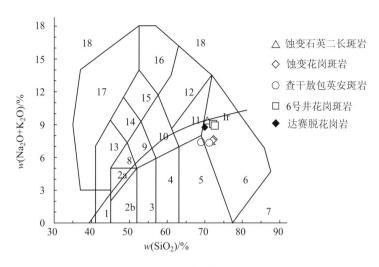

图 5.6　迪彦钦阿木矿区及区域岩浆岩全碱 – 硅（TAS）图解

（数据引自中科院地球化学研究所，2010）

（底图据 Middlemost，1994；绘图使用路远发编制的 geokit 软件 2010 版完成）

Ir—Irvine 分界线，上方为碱性，下方为亚碱性。深成岩：1—橄榄辉长岩；2a—亚碱性辉长岩；3—辉长闪长岩；
4—闪长岩；5—花岗闪长岩；6—花岗岩；7—硅英岩；8—二长辉长岩；9—二长闪长岩；10—二长岩；11—石
英二长岩；12—正长岩；13—副长石辉长岩；14—副长石二长闪长岩；15—副长石二长正长岩；16—副长正长岩；
17—副长深成岩；18—霓方钠岩/磷霞岩/粗白榴岩

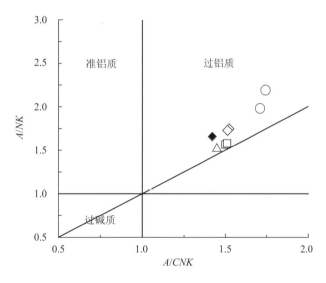

图 5.7　迪彦钦阿木矿区及区域岩浆岩 *A/CNK*，*A/NK* 图解（图例同图 5.6）

（底图据 Mania 等，1989）

（数据引自中科院地球化学研究所，2010）

6 号井花岗斑岩和达赛脱花岗岩均落在 I&S 型区域内。目前认为 Whalen 指标是最有效的花岗岩判定方法，综合上述花岗岩类型差别方法，矿区蚀变花岗斑岩应属于 A 型花岗岩。

5.3.2　稀土和微量元素特征

蚀变石英二长斑岩、蚀变花岗斑岩、6 号井花岗斑岩、达赛托岩体及查干敖包英安玢岩具有基本一致的稀土元素配分模式（图 5.10），均表现为轻稀土元素富集型，且具有明显的负铕异常（δEu = 0.40 ~ 0.93），Eu 负异常可能代表了岩浆演化过程中长石的结晶分异或源区残留长石或角闪石相造

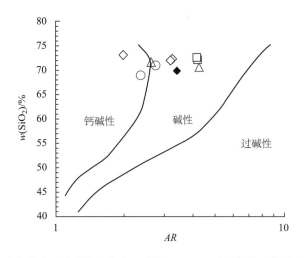

图 5.8 迪彦钦矿区及区域岩浆岩亚碱性 $SiO_2 - AR$ 判别图解（图例同图 5.6）

（底图据 Wright，1969）

AR：碱度率 = ［Al_2O_3 + CaO + （Na_2O + K_2O）］／［Al_2O_3 + CaO − （Na_2O + K_2O）］ 当 SiO_2 > 50%，

K_2O/Na_2O 大于 1 而小于 2.5 时，Na_2O + K_2O = 2Na_2O

（数据引自中科院地球化学研究所，2010）

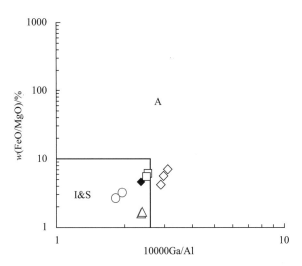

图 5.9 迪彦钦矿区及区域花岗岩判别图解

（据 Whalen 等，1987）（图例同图 5.7）

（数据引自中科院地球化学研究所，2010）

成。LREE/HREE 值为 4.84 ~ 11.91，LaN/YbN 值为 4.19 ~ 11.93，轻重稀土元素的分馏程度不高。

除了玄武安山岩以外，该区岩石具有基本一致的微量元素配分形式，均相对富集大离子亲石元素（Th、K 等），亏损高场强元素（如 Nb、Ti），且 Ba、Sr、P 也存在不同程度的亏损，暗示了它们可能具有相似的岩浆源区（图 5.11）。

5.3.3 岩浆岩年代学研究

中国科学院地球化学研究所（2010）选择了矿区钻孔岩心中的花岗斑岩、达赛脱花岗岩的 6 号井花岗斑岩、查干敖包英安斑岩这 4 件样品进行锆石的 LA - ICP - MS U - Pb 年龄测定，花岗斑岩 $^{206}Pb/^{238}U$ 加权平均年龄为 160.2 ± 2.7 Ma（n = 23，MSWD = 7.4）；达赛脱岩体为 154.9 ± 1.3 Ma（n = 18，MSWD = 0.67）；6 号井花岗斑岩为 172.8 ± 1.8 Ma（n = 15，MSWD = 0.12）；查干敖包英安斑岩

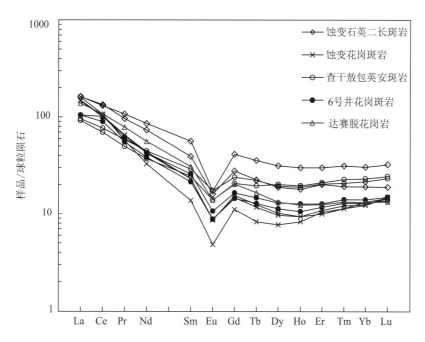

图 5.10　迪彦矿区及外围主要火成岩的稀土元素球粒陨石标准化图解

（数据引自中科院地球化学研究所，2010）

（球粒陨石标准化数据 Sun and McDonough，1989）

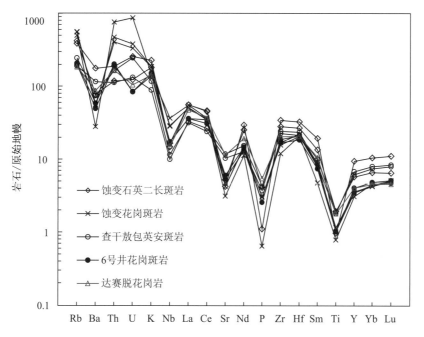

图 5.11　迪彦矿区及外围主要火成岩的微量元素原始地幔标准化图解

（数据引自中科院地球化学研究所，2010）

（原始地幔标准化数据 Sun and McDonough，1989）

为 446.6 ± 3.9 Ma（$n = 13$，MSWD $= 1.7$）。结果表明，区内岩浆活动主要以燕山期为主，矿区出露的花岗斑岩、达赛脱岩体和 6 号井花岗斑岩均形成于燕山期，但敖包英安斑岩年龄较老。从矿区及达赛脱已知的矿化和蚀变看，矿区的花岗斑岩和达赛脱岩体均已蚀变，其中可见辉钼矿化，表明成矿应为燕山期产物，矿区辉钼矿的 Re-Os 年龄也证实了燕山期成矿事件（中国科学院地球化学研究所，2010）。

5.4 流体包裹体结果

5.4.1 流体包裹体岩相学

流体研究方法同第3、4章。研究表明，矿区无论是石英、萤石中均富含流体包裹体，根据包裹体在室温下的相态组成，可将矿区内的流体包裹体分为如下几类。

富液相包裹体（AV-1类）：主要呈负晶形、圆形、椭圆形和拉长的圆形等，室温下由气液两相组成，气相百分比变化较大，<5%～50%不等（图5.12a，图5.12b）。此类包裹体主要产于辉钼矿-石英脉、辉钼矿-萤石脉中、磁铁矿-石英脉、闪锌矿-石英脉和黄铁矿-黄铜矿-石英脉中。

富气相包裹体（AV-2类）：主要呈负晶形、圆形和多边形状等，气相充填度大于50%，加温过程中均一至气相；或室温下由纯气相组成。常与AV-1类包裹体构成包裹体群（图5.12c）。此类包裹体主要产于辉钼矿-石英脉和辉钼矿-萤石脉中。

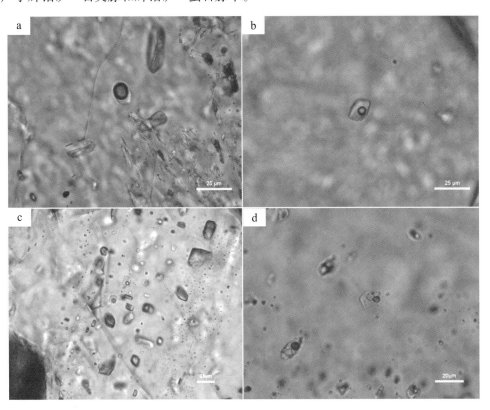

图5.12 流体包裹体显微镜下照片

a—AV类包裹体；b—AV类包裹体；c—V类与AV类包裹体构成包裹体组合；d—ADV类包裹体

含子晶多相包裹体（ADV类）：主要呈椭圆形、圆形成员晶形状，室温下由气相、液相和一个或多个子矿物相组成。子矿物的类型包括钾盐、石盐、透明非盐类矿物和不透明子矿物多种（图5.12d）。主要以ADV包裹体群和ADV+AV包裹体群的形式出现。主要产于钾硅化阶段或矿化石英脉中。

各阶段的包裹体组合具有不同特点，其中UST石英中包裹体组合主要为AV类，并见少量ADV类，可见AV-2类流体包裹体与ADV类包裹体共存，表现为沸腾包裹体群的特征；辉钼矿-石英和辉钼矿-萤石中的包裹体主要为ADV+AV类组合，AV类包裹体气相充填度有连续的变化，也具有明显的沸腾包裹体群的特征；其他各阶段的包裹体组合主要为AV-1类，如黄铁矿-黄铜矿-石英脉、磁铁矿-石英脉、闪锌矿-石英脉中的包裹体组合即具有以上特征。

5.4.2 流体包裹体显微测温

本次重点针对 UST 石英、辉钼矿－石英和辉钼矿－萤石中的包裹体进行了测温研究。目前完成了 UST 石英和辉钼矿－石英、辉钼矿－萤石样品的部分测温工作，结合中国科学院地球化学研究所（2010）对该矿区不同成矿阶段石英中流体包裹体显微测温结果，AV－1、AV－2 和 ADV 这 3 类包裹体的测温结果具有如下特征：

富液包裹体（AV－1类）：均一温度为 148～550℃（$n=77$），个别包裹体在 >580℃ 仍未均一，变化范围较大，平均均一温度 280℃，但绝大多数集中于 200～250℃之间（表 5.1）。均一温度大于 450℃ 的富液包裹体可能捕获于超临界状态，在盐度－均一温度图解中，它们分布在临界曲线附近。该类包裹体的冰点为 －12.4～－0.4℃（$n=63$），平均 －3.56℃，变化范围较大，对应的盐度为 0.71～16.34%，平均 5.61%。

富气相包裹体（AV－2类）：均一温度为 327～565℃（$n=37$），少部分包裹体在 >580℃ 时仍未均一，变化范围相对较小，峰值集中在 350～400℃（表 5.1），平均均一温度为 423℃。冰点的变化范围为 －15.7～－2.5℃（$n=14$），平均 －6.37℃，对应的盐度为 4.18%～18.72%，平均 9.19%。

含子晶多相包裹体（ADV类）：均一温度和盐度均较高，许多包裹体在加热至 550℃，仍未完全均一（表 5.1）。该类包裹体的完全均一温度为 242～510℃（$n=47$），平均 398℃，对应的盐度为 29.86%～60.58%，平均 46.02%。此类包裹体大多以子晶熔化而达到均一，极个别的包裹体在加热时气泡和子晶近于同时消失。

表 5.1 迪彦钦阿木流体包裹体显微测温表

样品编号	寄主矿物	包裹体类型	冰点/℃	均一方式	均一温度/℃	子晶熔化温度/℃	盐度/%	数据来源
DYQ1022	石英	AV－2	－5.0（1）	→L	432		7.86	
		AV－1		→L	400～550（4）			
		ADV			500～510（2）	300～387	45.33～46.3	
DYQ1003	石英	AV－1	－0.4～－1.0(3)	→L	256～305（5）		0.71～1.74	
DYQ1032	石英	AV－1	－0.9～－2.3（6）	→L	218～298（5）		1.57～3.87	
		ADV			242（1）	185	31.15	
	萤石	AV－1	－0.5～－2.1（5）	→L	202～310（6）		0.88～3.55	本文
DYQ1001	石英	AV－2		→L	350（1）			
		AV－1	－2.0～－5.5（7）	→L	235～373（5）		3.39～8.55	
DYQ1007	石英	AV－2	－4.3～－15.2(4)	→L	332～565（4）		6.88～18.72	
		ADV			270～430（7）	245～430	34.3～50.85	
DYQ1040	石英	AV－2		→L	544～>600（3）			
		AV－1		→L	355～522（4）			
ZK6105－287	石英	AV－2	－2.5～－5.0(3)	→L	346～>500(10)		4.18～7.86	
		AV－1	－1.8～－4.5(10)	→L	197～417(10)		3.06～7.17	
		ADV			170～>550(11)	155～437	29.86～51.09	
ZK6105－350	石英	AV－2	－2.7～－11.2(2)	→L	327～>550(10)		4.49～15.17	中国科学院地球化学研究所（2010）
		AV－1	－2～－12.4(12)	→L	168～>550(17)		3.39～16.34	
		ADV			266～>550(10)	260～>550	35.32～>66.75	
ZK6105－399	石英	AV－2		→L	361～>550(9)			
		AV－1	－2.5～－4.1(12)	→L	200～238(12)		4.18～6.65	
		ADV			277～462(13)	277～445	36.47～53.89	
ZK6105－460	石英	AV－2	－4.6～－5.2(4)	→L	404～>550(11)		7.31～8.14	
		AV－1	－4.3～－5.7(9)	→L	148～535(11)		6.68～8.81	
		ADV			255～>550(11)	255～>550(11)	35255～>66.75	

5.5 矿床成因

对该矿床的成因虽然前人曾进行过一定的探讨,但目前尚未达成一致的认识,聂秀兰和侯万荣(2010)曾将其称为与中生代中酸性岩浆活动有关的构造-蚀变岩型钼-银矿床,而中国科学院地球化学研究所(2012)认为其为斑岩型矿床,并初步提出了成矿模型。本文在前人工作基础上,对矿区的矿化、蚀变及与侵入岩的关系、流体包裹体进行了详细的研究,发现了细粒正长岩脉及其中的石英、萤石、钾长石脉,代表了岩浆出溶流体记录,提出了该矿床成因和成矿模式的新认识。

野外和室内研究结果表明,矿区主要矿化和蚀变总体呈面状,但仍显示受构造控制的特点,特别是北西、北东向断裂控制了成矿岩浆的侵位。矿区的矿化以脉状、网脉状为主,显示了斑岩型矿化特征。根据矿化蚀变特征可分为 5 个成矿阶段:Ⅰ石英-钾长石-萤石阶段、Ⅱ石英-白云母阶段、Ⅲ绿帘石-磁铁矿阶段、Ⅳ绿泥石-碳酸盐-黄铁矿阶段和Ⅴ泥化阶段,其中辉钼矿化主要形成于石英-钾长石-萤石阶段,少部分形成于石英-白云母阶段。侵入岩在矿区地表不发育,仅在钻孔岩心中见岩脉。蚀变花岗斑岩的锆石 U-Pb 年龄为 160.2 ± 2.7 Ma(中国科学院地球化学研究所,2010),与成矿关系密切的细粒正长岩尚未进行定年研究。而矿区辉钼矿 Re-Os 定年结果(中国科学院地球化学研究所,2010)得到的成矿年龄为 156.2 ± 1.4 Ma,矿区得到的成岩成矿年龄与邻区的花脑特、阿尔哈达铅锌矿、朝不楞矽卡岩型铁多金属矿床(聂凤军等,2007)所得到的成岩、成矿年龄相当,均为燕山期成矿事件产物。本次研究在细粒正长岩中见萤石或石英细脉,其中晶体定向生长,是岩浆出溶流体的证据,脉体矿物组成与区内强硅化、钾长石化的矿物组成一致,表明矿区的蚀变与细粒正长岩出溶流体有关。富含挥发分的细粒正长岩岩浆上侵过程中由于减压和降温造成流体出溶,形成初始成矿流体。流体包裹体的显微测温结果表明,岩浆早期出溶流体为高温、中等盐度流体,且流体出溶后发生了流体沸腾作用,流体沸腾及伴随的流体中 CO_2 的逃逸可能是造成钼沉淀的主要机制。高温流体与围岩的水岩反应形成大范围云英岩化、绢英岩化蚀变。

S 是这些成矿金属元素沉淀的重要矿化剂,因此通常可以利用 S 同位素间接示踪热液矿床的成矿物质来源(魏菊英和王关玉,1988)。中国科学院地球化学研究所(2010)在矿区选择了 36 件辉钼矿、黄铁矿、闪锌矿等金属硫化物样品进行了 S 同位素的测试,分析结果表明,36 件硫化物的 S 同位素组成变化较大,$\delta^{34}S_{CDT}$ 最大值为 10.19‰,最小为 2.5‰,极差为 7.69‰,平均值为 7.28‰。在 S 同位素直方图上数据比较分散,且显示 3 个峰值,说明矿区 S 的来源比较复杂,可能并非来自于单一的岩浆硫($\delta^{34}S_{CDT} = -5‰ \sim +5‰$),水岩反应过程中还原性地层中 S 可能参与了成矿作用。

综合矿区地质、地球化学研究结果,矿床的形成主要与区内燕山期偏碱性岩浆活动有关,成矿物质和成矿流体主要来自岩浆活动。从蚀变特征、矿物组成、成矿流体、矿石结构构造特征上看,该矿床应为与燕山期侵入体有关的斑岩型钼矿床。

6 沙麦钨矿

6.1 矿区地质特征

沙麦钨矿床位于内蒙古自治区东乌旗地区沙麦苏木，是东乌旗地区目前已探明的典型伟晶岩－云英岩型钨矿床。前人对该矿床的地质、地球化学进行了一定的工作，初步查明了矿区的地质特征、矿体和矿化特征等，并对其成因提出了初步的认识，但对该矿区出露的不同侵入岩的年代学、岩石化学、成矿流体等方面研究尚不深入。本次在详细的野外地质调研基础上，开展了矿区各种岩石单元的岩相学、矿物组成的 SEM/EDS、主要侵入岩的锆石 U－Pb 年代学和岩石化学、流体包裹体研究等，详细厘定了矿区岩浆侵位序列、岩石化学特征和成矿流体出溶和演化，对矿床成因有了进一步的认识。

6.1.1 矿区地层和构造概况

沙麦钨矿床位于沙麦花岗岩体东南边缘突出部位，大面积出露花岗岩体（图6.1）。矿区出露地层相对较单一，主要有上泥盆统安格尔音乌拉组浅变质岩和中下侏罗统马尼特庙组火山沉积岩。从前人的钻孔资料可知，中下侏罗统马尼特庙组凝灰质砂泥岩曾遭受到轻微变质作用，由浅变质砂砾岩和碳质板岩相互叠置成层状，其底部与上泥盆统安格尔音乌拉组浅变质岩呈不整合接触关系，顶部被上侏罗统查干诺尔组流纹质凝灰岩不整合覆盖。

沙麦矿区位于北东向东乌旗复背斜轴部，矿区褶皱复杂。矿区断裂构造主要表现为北东、北西和近东西走向，矿区的石英正长斑岩脉、伟晶岩脉、细粒花岗岩脉、石英脉及含矿伟晶岩脉、云英岩脉等均显示沿断裂展布的特征。

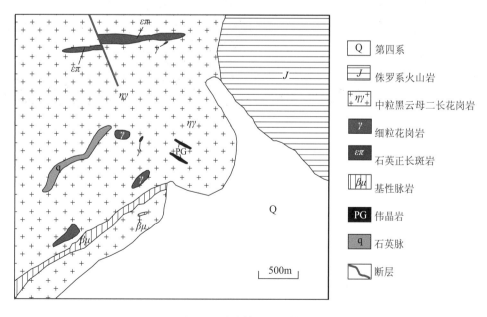

图 6.1 沙麦钨矿地质简图

（据东乌旗地区 1∶20 万地质图修测）

87

6.1.2 矿区岩浆岩

沙麦岩体为一复式岩基，其长轴为北北东—南南西向，东北端延伸到蒙古人民共和国境内，长达110 km，宽约20～80 km，出露面积大约2700 km²。前人曾对该岩体进行K–Ar法年龄测定，得到了150 Ma的成岩年龄（内蒙古自治区地质矿产局，1991）。矿区除沙麦复式岩基外，地表还可见细粒花岗岩脉、伟晶岩脉、石英正长斑岩脉、基性岩脉侵位于主岩体内，井下还揭露出有细晶岩、黑云母二长花岗斑岩等。

6.1.3 蚀变特征

本区围岩蚀变复杂，蚀变范围较广。矿区发育的主要蚀变类型有伟晶岩化、云英岩化（图6.2a）、硅化、黄铁矿化、萤石化（图6.2b），其中云英岩化、伟晶岩化和硅化与W、Mo矿化关系密切（图6.2c，图6.2d）。

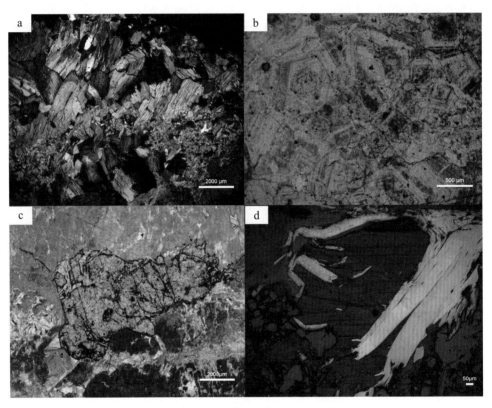

图6.2 矿区主要蚀变矿物的显微镜下照片

a—云英岩中的白云母（透光，正交偏光）；b—蚀变火山岩中具环带结构的萤石（透光，单偏光）；c—与钾长石和白云母共生的白钨矿（透光，单偏光）；d—与白云母、石英共生的辉钼矿（反光，单偏光）

热液蚀变从含矿石英脉（伟晶岩脉）到未蚀变花岗岩具有一定的分带性，以伟晶岩为中心向外分别为：以白云母为主的云英岩带→正常云英岩带→以石英为主云英岩带→云英岩化花岗岩→未蚀变花岗岩。

6.1.4 矿体和矿化特征

矿区的钨矿脉主要分布于沙麦花岗岩体中，在花岗岩的围岩中也有分布，但由于地表被第四系覆盖，仅在出露的岩体中见钨矿脉。目前，矿区内已经发现和圈定了350条含钨石英脉，达到了工业开采价值的有76条。矿区内含钨石英脉主要构成5条脉带，其中有3条脉带在钨储量和产量上均占主导地位。从空间分布特征上看，这3条脉带呈北西向展布，脉带之间的距离大体一致；从剖面上看，向下延伸的地表细脉向下变宽形成大脉，在走向上，复脉可有几条细小的单脉组成。虽然组成矿带的这些矿脉总体排布形态较复杂，但单矿脉形态却比较简单。矿脉在剖面上的排布亦显示明显的垂直分带，自下而上表现为：根部细脉带→大脉带→大脉细脉带→细脉带→顶部线脉带（胡鹏，2004）。

沙麦钨矿床矿石主要有伟晶岩型（也被称为石英脉型）和云英岩型两种，石英脉型矿石品位明显高于云英岩型矿石。矿石矿物主要成分为黑钨矿、白钨矿和辉钼矿，并可见少量黄铁矿、黄铜矿、方铅矿、闪锌矿、孔雀石和褐铁矿等。脉石矿物主要由石英、白云母、铁白云母、萤石以及少量的黑云母、钾长石、斜长石、黄玉等组成。

6.2 矿区主要侵入岩的岩石学和岩石化学特征

6.2.1 矿区主要侵入岩的岩石学特征

矿区大面积出露中细粒黑云母二长花岗岩，并可见细粒花岗岩（图6.3a）、伟晶岩（图6.3b）、石英正长斑岩（图6.3c）和长英质伟晶岩脉（图6.3c）侵入其中。生产矿区还见有黑云母二长花岗岩中细晶岩及伟晶状长英质脉（图6.3d）。根据野外岩体的侵位关系和主要侵入岩的镜下鉴定结果，矿区内出露的主要侵入岩的岩石学特征按侵位顺序论述如下：

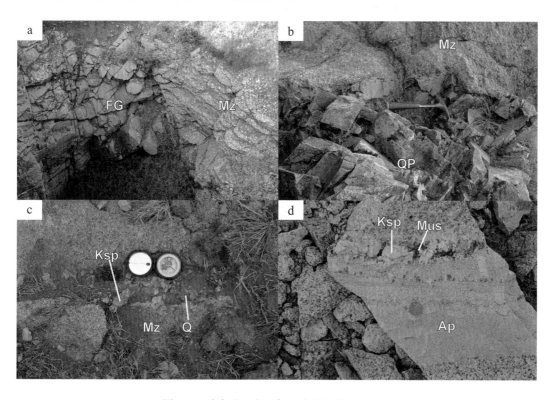

图6.3　沙麦矿区主要侵入岩的野外露头照片

a—黑云母二长花岗岩中的细晶岩脉；b—石英正长斑岩侵入黑云母二长花岗岩；c—黑云母二长花岗岩中伟晶状石英长石脉；
d—黑云母二长花岗岩中细晶岩脉及边部的伟晶状长石、白云母；FG—细粒花岗岩；Mz—黑云母二长花岗岩；QP—石英正长
斑岩；Ap—细晶岩；Ksp—钾长石；Q—石英；Mus—白云母

（1）中细粒黑云母二长花岗岩

是矿区范围内出露范围最大的岩石单元，呈岩基产出。岩石呈等粒－似斑状结构、块状构造，主要矿物组成为钾长石、斜长石、石英和黑云母。可见细粒花岗岩、石英正长斑岩、伟晶岩脉和基性脉岩侵位其中，表明其均晚于黑云母二长花岗岩。

（2）斑状黑云母二长花岗岩－黑云母二长花岗斑岩

仅见于生产矿区采坑，地表未见露头。岩石呈灰白色，斑状结构－似斑状结构，块状构造。斑晶由斜长石、钾长石、石英、黑云母和少量角闪石组成，其中斜长石的斑晶颗粒较大，基质与斑晶矿物组成类似（图6.4a）。岩石一般遭受较强烈的蚀变作用，包括云英岩化，绢云母化，其应为黑云母二长花岗岩相变产物。

（3）细粒花岗岩

仅在生产矿区一井探工程及开采出的废石堆中见及，多与伟晶岩脉或云英岩脉、石英－钾长石脉共存，产于伟晶岩脉一侧，有时表现为细晶岩脉。岩石呈细粒结构、块状构造，主要矿物组成为石英、钾长石、斜长石和少量黑云母（图6.4b）。

（4）石英正长斑岩

呈岩墙或岩脉侵位于黑云母二长花岗岩中，岩脉走向和厚度较为稳定。岩石呈斑状结构，块状构造。斑晶主要为钾长石、石英，少量黑云母，基质为隐晶质（图6.4c），局部发育球粒结构（图6.4d）。石英斑晶的熔蚀现象发育。野外可见张性石英脉切穿石英正长斑岩脉，岩体表面有时因发育铁锰氧化物矿化而呈红棕或黑褐色。

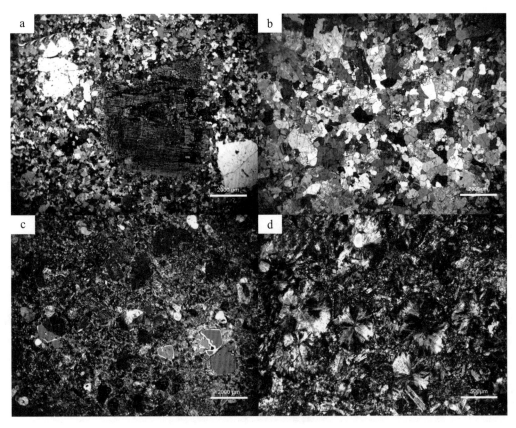

图6.4　矿区主要侵入岩的岩相学照片

a—斑状石英二长岩；b—细粒花岗岩；c—石英正长斑岩；d—具球粒结构的石英正长斑岩

（5）基性脉岩

由于基性脉岩抗风化能力较弱，地表基性岩脉不发育，仅在矿区西南侧见一基性脉岩出露。由于风化较强，原岩岩性不能准确判定。基性脉岩与石英正长斑岩常相伴产出，构成双峰式脉岩组合。

（6）伟晶岩

矿区伟晶岩呈岩墙或呈不规则脉状产于黑云母二长花岗岩中，并常与石英二长斑岩、细粒花岗岩相伴。岩石呈伟晶结构，主要矿物组成为石英、钾长石、斜长石、白云母、黑云母、黄玉、黑钨矿。有时伟晶状长石、石英、白云母与细粒花岗岩或细晶岩一起构成脉状产于斑状黑云母二长花岗岩中，伟晶状长石、石英、白云母发育于岩脉一侧，另一侧不发育（图6.3d），显示单相固结结构（UST）的特征，应代表熔体-流体转化过程产物，因此伟晶状石英、长石中包裹体记录了岩浆早期出溶流体的特征。

6.2.2 矿区主要侵入岩的岩石化学特征

笔者对沙麦矿区内的细粒花岗岩、中细粒黑云母二长花岗岩和黑云母二长花岗斑岩以及矿区西北侧的石英正长斑岩进行了岩石的全岩地球化学分析。所采样品总体蚀变较弱，相对较为新鲜。样品经过处理之后去除外部风化较为严重的部分。岩石主微量元素地球化学在核工业北京地质研究院实验室完成，主量元素分析方法为XRF荧光光谱，微量元素分析则采用了Finnigan MAT Element I型电感耦合等离子体质谱仪（ICP-MS），测试方法和参数同第3章。

主量元素分析结果

沙麦钨矿区主要侵入岩的主量元素分析结果见表6.1，据LeMaitre RW（1976）的方法将侵入岩调整氧化铁计算的CIPW标准矿物见表6.2。结果表明，沙麦矿区主要侵入岩具有高硅（SiO_2的含量在73.73% ~ 78.23%，均值为75.02%）、高钾钠（$K_2O + Na_2O$在7.56% ~ 8.9%，平均值为8.32%）贫MgO（0.049% ~ 0.332%）、贫CaO（0.297% ~ 0.903%）、低TiO_2（0.015% ~ 0.89%）的特征。在岩浆岩TSA图解（图6.5）上，细粒花岗岩、黑云母二长花岗岩、石英二长斑岩和石英正长斑岩均投落在亚碱性花岗岩区域。尽管其野外表现和岩相学特征不同，但岩石主量元素地球化学显示相似性。在花岗岩成因系列$Na_2O - K_2O$图解（图6.6a）中样品均落入A型花岗岩区域。

表6.1 沙麦钨矿区侵入岩主量元素组成原始数据（$w_B/\%$）

岩性	样品编号	SiO₂	Al₂O₃	Fe₂O₃	MgO	CaO	Na₂O	K₂O	MnO	TiO₂	P₂O₅	烧失量	FeO	总量
中细粒黑云母二长花岗岩	SM1019	75.85	12.78	1.6	0.202	0.585	3.27	4.63	0.114	0.055	0.028	0.85	1.07	99.964
	SM1018	75.49	12.9	1.49	0.121	0.739	3.37	4.69	0.119	0.052	0.02	0.96	1.05	99.951
	SM1058	75.51	13.23	1.35	0.093	0.512	3.88	4.56	0.09	0.038	0.02	0.68	1.11	99.963
	SM1025	78.23	11.83	0.82	0.098	0.539	3.45	4.39	0.048	0.027	0.018	0.5	0.7	99.95
黑云母二长花岗斑岩	SM1011	74.43	13.3	1.75	0.156	0.713	3.78	5.11	0.059	0.085	0.026	0.57	1.45	99.979
	SM1123	74.01	13.6	1.97	0.188	0.888	3.72	4.48	0.152	0.119	0.027	0.78	1.66	99.934
	SM1097	74.81	13.29	1.71	0.12	0.693	3.8	4.71	0.083	0.083	0.023	0.63	1.5	99.964
	SM1006	73.73	13.68	2.38	0.172	0.83	3.4	4.16	0.253	0.097	0.023	1.22	1.84	99.945
石英正长斑岩	SM1105	74.1	13.35	1.96	0.332	0.903	3.65	4.55	0.032	0.191	0.055	0.86	1.29	99.983
	SM1091	73.35	13.4	2.33	0.294	0.573	0.995	7.52	0.087	0.189	0.046	1.18	1.2	99.964
	SM1094	74.01	13.15	2.09	0.321	0.842	3.32	5.29	0.067	0.188	0.045	0.66	1.82	99.983
	SM1090	75.15	12.53	2.39	0.207	0.732	2.21	5.85	0.058	0.178	0.041	0.64	1.81	99.986
细粒花岗岩	SM1053-1	75.37	14.52	0.897	0.065	0.297	3.89	4.14	0.263	0.014	0.012	0.47	0.78	99.938
	SM1053-2	74.78	14.64	0.999	0.049	0.327	4.4	4.14	0.214	0.015	0.012	0.51	0.77	99.946
	SM1053-3	74.82	14.61	1.06	0.057	0.344	4.4	4	0.22	0.021	0.011	0.4	0.88	99.943
	SM1156-1	75.81	13.04	1.37	0.083	0.515	4.26	4.62	0.028	0.034	0.016	0.18	1.17	99.956
	SM1156-2	75.84	13.18	1.11	0.088	0.474	4.11	4.79	0.022	0.038	0.017	0.27	0.97	99.939

表 6.2　主量岩石化学计算表

岩性	样品原号	A/CNK	A/NK	SI	AR	碱值	FL	MF
中细粒黑云母二长花岗岩	SM1019	1.116	1.618	1.88	3.89	0.618	93.11	92.97
	SM1018	1.078	1.6	1.13	3.89	0.625	91.6	95.45
	SM1058	1.08	1.568	0.85	4.18	0.638	94.28	96.36
	SM1025	1.037	1.509	1.04	4.46	0.663	93.57	93.94
黑云母二长花岗斑岩	SM1011	1.019	1.496	1.27	4.47	0.668	92.58	95.35
	SM1123	1.081	1.659	1.56	3.61	0.603	90.23	95.08
	SM1097	1.054	1.562	1.01	4.11	0.64	92.47	96.4
	SM1006	1.179	1.81	1.44	3.18	0.553	90.11	96.08
石英正长斑岩	SM1105	1.062	1.628	2.82	3.71	0.614	90.08	90.73
	SM1091	1.239	1.574	2.39	4.12	0.635	93.69	92.31
	SM1094	1.034	1.527	2.5	4.2	0.655	91.09	92.41
	SM1090	1.109	1.555	1.66	4.1	0.643	91.67	95.3
细粒花岗岩	SM1053 – 1	1.271	1.808	0.67	3.37	0.553	96.43	96.27
	SM1053 – 2	1.204	1.743	0.48	3.56	0.574	96.25	97.3
	SM1053 – 3	1.198	1.739	0.55	3.56	0.575	96.07	97.15
	SM1156 – 1	1.007	1.468	0.72	4.8	0.681	94.52	96.84
	SM1156 – 2	1.029	1.481	0.8	4.74	0.675	94.94	95.94

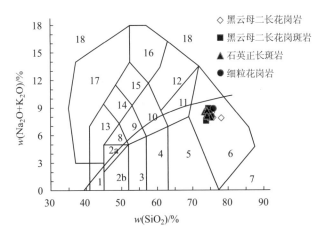

图 6.5　沙麦钨矿区侵入岩 TSA 图解

Ir—Irvine 分界线，上方为碱性，下方为亚碱性；1—橄榄辉长岩；2a—碱性辉长岩；2b—亚碱性辉长岩；3—辉长闪长岩；4—闪长岩；5—花岗闪长岩；6—花岗岩；7—硅英岩；8—二长辉长岩；9—二长闪长岩；10—二长岩；11—石英二长岩；12—正长岩；13—副长石辉长岩；14—副长石二长岩；15—副长石二长正长岩；16—副长正长岩；17—副长深成岩；18—霓方钠岩/磷霞岩/粗白榴岩

　　样品中 Al_2O_3 的含量相对偏高，在 11.83% ~ 14.64% 之间变化。计算的铝饱和指数（A/CNK）介于 1.007 ~ 1.271，A/NK 在 1.468 ~ 1.81 之间。在 A/CNK - A/NK 分类图解上样品均投落在过铝质花岗岩系列区域（图 6.6b）。

　　稀土和微量元素分析结果：

　　沙麦矿区主要侵入岩的稀土元素和微量元素分析结果见表 6.3。各侵入岩的稀土和微量元素组成特征分述如下：

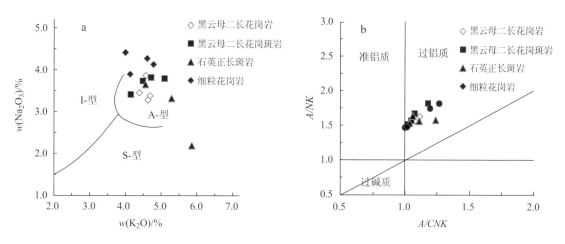

图 6.6　沙麦钨矿区花岗岩成因系列 $Na_2O - K_2O$ 图解（a）和 $A/CNK - A/NK$ 分类图解（b）

表 6.3　沙麦钨矿区侵入岩微量元素组成（$w_B/10^{-6}$）

岩性	样品原号	Li	Be	Sc	V	Cr	Co	Ni	Cu	Zn	Ga	Rb	Sr	Y	Mo	Cd
中细粒黑云母二长花岗岩	SM1019	172	5.38	6.8	4.2	4.43	0.548	2.75	8.35	98.8	26.8	595	18.1	100	4.26	0.268
	SM1018	216	4.16	7.01	3.73	2.55	0.497	1.69	5.24	76.6	28.9	642	16	144	1.43	0.241
	SM1058	175	8.79	6.68	4.93	2.26	0.441	1.54	7.08	126	27.7	565	9.42	109	3.07	0.213
	SM1025	87	5.96	3.07	3.16	3.04	0.447	1.63	11.9	86.8	23.1	485	16.3	88.1	3.55	0.121
黑云母二长花岗斑岩	SM1011	155	8.92	5.09	14.9	5.15	0.926	2.23	3.6	60.4	22.9	429	47.8	66.4	5.02	0.073
	SM1123	471	4.58	6.8	15.5	4.17	0.979	2.38	19	120	26.9	689	50.2	78	8.21	2.15
	SM1097	388	6.28	5.97	11.7	4.59	0.84	2.89	3.97	80.6	25.1	533	42.1	71.1	5.63	0.124
	SM1006	630	4.7	14.3	16.2	3.24	0.834	2.38	7.69	192	35.7	813	25.4	78.6	10.3	1.6
石英正长斑岩	SM1105	26.5	7.76	3.83	17.3	7.31	1.82	5.33	476	142	19.8	314	86	19.1	7.2	0.339
	SM1091	72.1	2.71	3.32	18.5	8.59	1.05	4.14	67.2	343	18.3	626	53	46.7	5.24	0.303
	SM1094	32.8	5.1	3.44	18.2	12	1.6	4.26	15.8	113	19	452	70.2	32.1	5.98	0.327
	SM1090	27.2	4.98	3.46	20.4	8.94	1.36	4.41	30.8	146	18.8	444	77.2	49.7	12.1	0.42
细粒花岗岩	SM1156 – 1	26	6.21	4.32	12.1	18.8	0.813	13.1	5.51	21.5	22.5	378	7.59	50.7	5.72	0.096
	SM1156 – 2	20.2	6.69	4.3	3.66	3.54	0.512	2.51	6.2	23.3	24	420	7.99	60.1	4.06	0.012
岩性	样品原号	In	Sb	Cs	Ba	La	Ce	Pr	Nd	Sm	Eu	Gd	Tb	Dy	Ho	Er
中细粒黑云母二长花岗岩	SM1019	0.354	0.483	28.2	46	31	74.9	9.93	38.6	12.3	0.183	11.2	2.82	16.7	3.43	10.2
	SM1018	0.342	0.393	30.8	48	25.1	62.8	8.52	34.5	11	0.168	12.1	3.56	21.9	4.71	13.7
	SM1058	0.357	0.158	30.8	15	16.6	42.9	6.11	24.7	9.29	0.066	9	2.64	16.9	3.49	10.3
	SM1025	0.12	0.227	15	42.4	28.3	72	10	39.7	12.2	0.189	10.5	2.44	14.4	2.82	8.27
黑云母二长花岗斑岩	SM1011	0.116	0.207	32.8	217	36.4	84.2	10.8	42.8	11.1	0.404	9.6	2.19	12.3	2.36	6.72
	SM1123	0.512	0.291	33.7	177	43.3	99.6	12.9	50.3	12.6	0.47	11	2.48	13.7	2.71	7.78
	SM1097	0.155	0.26	33.5	161	40.4	96.6	12.5	48.6	12.8	0.32	10.8	2.38	13.4	2.72	7.81
	SM1006	0.922	0.208	43.4	147	34.8	83.3	10.8	41.9	11.6	0.324	10.2	2.41	14.1	2.79	7.78
石英正长斑岩	SM1105	0.451	0.493	24	240	44.4	5.55	21.7	4.63	0.493	4.11	0.666	3.34	0.593	1.72	
	SM1091	0.352	0.662	21	208	18.8	39	4.55	16.7	4.04	0.306	4.25	1.19	7.66	1.68	4.8
	SM1094	0.096	0.748	15.2	206	21.4	44.7	5.48	20.7	4.72	0.423	4.48	0.926	5.51	1.12	3.26
	SM1090	0.108	1.3	14.1	254	27.1	58.9	7.58	29.4	8.1	0.377	7.21	1.56	9.06	1.77	5.19
细粒花岗岩	SM1156 – 1	0.109	0.213	12.1	10.8	11.3	25.8	3.86	15.4	5.3	0.066	4.87	1.29	7.95	1.69	5
	SM1156 – 2	0.11	0.219	11.7	12.8	13.8	33.7	4.9	19.9	6.82	0.059	5.83	1.54	9.48	2.01	6.12

岩性	样品原号	Tm	Yb	Lu	W	Re	Tl	Pb	Bi	Th	U	Nb	Ta	Zr	Hf
中细粒黑云母二长花岗岩	SM1019	1.88	12.2	1.68	13.2	0.002	4.07	38.7	6.79	21.8	7.77	22.4	6.61	84.9	5.21
	SM1018	2.58	17.5	2.45	34.5	0.003	4.31	35	5.96	19.1	6.59	25.5	7.44	92.1	5.48
	SM1058	2.05	13.5	1.85	7.55	0.004	4.01	21.5	4.89	12.9	5.47	29	8.76	67.7	5.12
	SM1025	1.54	9.88	1.36	11.3	<0.002	3.7	78.4	1.47	19.9	5.45	8.94	2.64	81.6	4.93
黑云母二长花岗斑岩	SM1011	1.26	8.22	1.12	11.4	<0.002	3.03	38.5	1.83	20.7	18.4	18.4	2.94	108	5.2
	SM1123	1.44	9.21	1.25	21	<0.002	4.18	46.5	0.827	23.8	9.32	21.2	4.43	126	5.77
	SM1097	1.41	9.3	1.3	10.4	0.003	3.89	38.8	1.37	23.1	14.7	20.5	4.32	130	6.4
	SM1006	1.48	9.82	1.36	13.6	0.009	4.52	41.1	1.66	17.8	10.5	25.5	7.54	124	6.01
石英正长斑岩	SM1105	0.324	2.18	0.348	8.52	0.002	2.56	26.6	0.685	26.6	16	14.7	2.27	140	5.34
	SM1091	0.916	5.54	0.803	4.69	<0.002	5.01	119	13.5	26.3	14.6	15.3	2.05	129	5.05
	SM1094	0.559	3.56	0.511	3.3	0.005	3.88	33.9	0.584	27.2	10.8	15.4	2.15	120	4.91
	SM1090	0.98	6.21	0.846	5.67	0.414	3.94	73.3	1.49	28.5	28.4	16.5	2.23	134	5.34
细粒花岗岩	SM1156-1	1.04	6.88	1.02	1.93	0.002	2.72	40.8	0.615	15	5.74	22.7	4.57	48.3	3.59
	SM1156-2	1.27	8.2	1.2	1.96	0.005	2.86	44.7	0.342	16.4	7.1	24.2	5.38	68.2	4.83

岩性	样品原号	ΣREE	ΣLREE	ΣHREE	LREE/HREE	La_N/Yb_N	δEu	δCe
中细粒黑云母二长花岗岩	SM1019	227.02	166.91	60.11	2.78	1.82	0.05	1.04
	SM1018	220.59	142.09	78.50	1.81	1.03	0.04	1.05
	SM1058	159.40	99.67	59.73	1.67	0.88	0.02	1.04
	SM1025	213.60	162.39	51.21	3.17	2.05	0.05	1.05
黑云母二长花岗斑岩	SM1011	229.47	185.70	43.77	4.24	3.18	0.12	1.03
	SM1123	268.74	219.17	49.57	4.42	3.37	0.12	1.02
	SM1097	260.34	211.22	49.12	4.30	3.12	0.08	1.05
	SM1006	232.66	182.72	49.94	3.66	2.54	0.09	1.04
石英正长斑岩	SM1105	111.55	98.27	13.28	7.40	7.07	0.34	0.97
	SM1091	110.24	83.40	26.84	3.11	2.43	0.22	1.00
	SM1094	117.35	97.42	19.93	4.89	4.31	0.28	0.99
	SM1090	164.28	131.46	32.83	4.00	3.13	0.15	0.99
细粒花岗岩	SM1156-1	91.47	61.73	29.74	2.08	1.18	0.04	0.95
	SM1156-2	114.829	79.179	35.65	2.22	1.21	0.03	1.00

黑云母二长花岗岩：稀土元素总量介于 $159.4 \times 10^{-6} \sim 227.02 \times 10^{-6}$，平均值为 205.15×10^{-6}。稀土配分曲线（图 6.7a）显示轻重稀土分异不明显，ΣLREE/ΣHREE 为 1.67~3.17，$La_N/Yb_N = 0.88 \sim 2.05$。从稀土元素分配模式图（图 6.7a）可以看出，稀土元素球粒陨石标准化分布表现为具明显的负 Eu 异常，δEu 为 0.02~0.05，无明显的 Ce 异常，δCe 介于 1.04~1.05。

黑云母二长花岗斑岩：稀土元素总量介于 $229.47 \times 10^{-6} \sim 268.74 \times 10^{-6}$，平均值为 247.80×10^{-6}，略高于中细粒黑云母二长花岗岩，ΣLREE/ΣHREE 为 3.66~4.42，$La_N/Yb_N = 2.54 \sim 3.27$，均值为 3.05。稀土元素球粒陨石标准化分模式图呈现右倾的轻稀土富集型（图 6.7b），Eu 负异常明显，δEu 为 0.08~0.12，无明显的 Ce 异常。

石英正长斑岩：稀土元素总量介于 $110.24 \times 10^{-6} \sim 164.28 \times 10^{-6}$，平均值为 125.86×10^{-6}，明显低于中细粒黑云母二长花岗岩，ΣLREE/ΣHREE 为 3.11~7.40，$La_N/Yb_N = 2.43 \sim 7.07$，均值为 4.24，轻重稀土分馏更为明显，在稀土元素分配模式图（6.7c）中显示出稀土元素球粒陨石标准化分布模式呈现右倾的趋势。δEu 为 0.15~0.34，δCe 为 0.97~1.00，显示明显的负 Eu 异常。

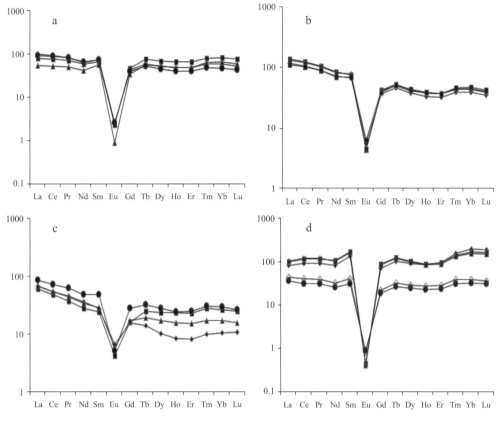

图 6.7　沙麦矿区岩浆岩稀土元素球粒陨石标准化分布模式图

a—中细粒黑云母二长花岗岩；b—黑云母二长花岗斑岩；c—石英正长斑岩；d—细粒花岗岩

细粒花岗岩：稀土元素总量在 $91.47 \times 10^{-6} \sim 114.829 \times 10^{-6}$，平均值为 103.15×10^{-6}，与石英正长斑岩相似。$\Sigma LREE/\Sigma HREE$ 为 $2.08 \sim 2.22$，$La_N/Yb_N = 1.18 \sim 1.21$，均值为 1.20。从稀土元素分配模式图（图 6.7d）可以看出，其轻重稀土分异不明显，但具有明显的负 Eu 异常，δEu 为 $0.03 \sim 0.04$。δCe 的值在 1 附近变化，无 Ce 负异常。

6.2.3　岩浆演化特征

矿区主要侵入岩的岩石化学结果表明，黑云母二长花岗岩、黑云母二长花岗斑岩具有相似的主量元素组成（图 6.8），但黑云母二长花岗斑岩 SiO_2 略有降低，K、Na 含量变化不大，而 Al_2O_3、P_2O_5、TiO_2、Fe_2O_3、MgO 均略有升高。微量元素组成显示斑状岩石相对富 Sr、Ba、Cr、V、Li 和轻稀土，而相对贫重稀土和 Y。细粒花岗岩与黑云母二长花岗斑岩相比，其 SiO_2、Al_2O_3、略有升高，K、Na 变化不大，而 P_2O_5、TiO_2、Fe_2O_3、MgO 均略有明显降低。稀土和微量组成上，细粒花岗岩具有较低的 Li、Sr、Ba 和稀土。石英正长斑岩与黑云母二长花岗岩有相似的 SiO_2、Al_2O_3 组成，但具有较高的 MgO、Ti_2O、P_2O_5 和 K/Na 值。主微量元素 Harker 图解（图 6.9）显示了岩浆连续演化的特征。

矿区主要侵入岩的微量元素配分图均显示明显的 Eu 负异常和微量元素中 Ti、P、Ba、Sr 的亏损。还原条件下斜长石的结晶对 Eu 异常的产生影响很大，斜长石大量的结晶析出或源区斜长石残留均会造成熔体中形成较显著的 Eu 负异常。而 Ti、P、Ba、Sr 一般富集于偏基性岩浆中或基性矿物中，如斜长石、黑云母、角闪石、磷灰石等的结晶分异可以造成上述元素的亏损。矿区主要侵入岩的岩石化学变化可以用基性单元的不混溶或岩浆演化过程中基性矿物的分离结晶解释。矿区晚期侵位的石英正长岩和相伴出现的基性脉岩可能代表了岩浆不混溶的两个端元，也可能分别代表了岩浆混合前的幔源岩浆和壳源岩浆端元组成。

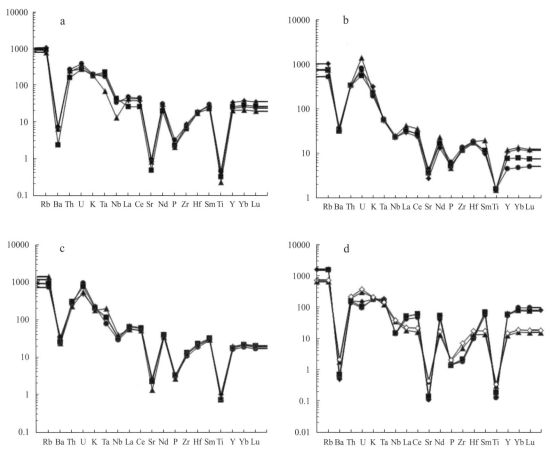

图6.8　沙麦钨矿区岩浆岩微量元素原始地幔标准化分布模式图

a—中细粒黑云母二长花岗岩；b—黑云母二长花岗斑岩；c—石英正长斑岩；d—细粒花岗岩

6.3　流体包裹体研究

6.3.1　熔体-流体转化的地质记录

　　矿区伟晶岩脉发育，且与黑钨矿化关系密切，伟晶岩型-石英脉型钨矿石在矿区占有重要地位。伟晶岩作为富挥发份熔体结晶的产物，其本身代表了熔体-流体转化过程的产物。除伟晶岩外，黑云母二长花岗岩中可见与细粒花岗岩或细晶岩共生的呈单向生长的钾长石、石英、白云母，其产于细晶岩或细粒花岗岩脉一侧，是岩浆-流体转化期的产物。另外，黑云母二长花岗岩中的石英脉中可见细晶岩与梳状石英相间排列，构成典型的梳状石英层（图6.10）或UST（单相固结结构）。这些岩浆出溶流体的地质记录为研究岩浆出溶流体特征、出溶流体过程提供了最佳样品。

6.3.2　流体包裹体岩相学特征

　　岩相学观察表明，伟晶岩和云英岩中的石英、黄玉、萤石中均富含流体包裹体（图6.11a）。伟晶岩中早期的茶色-墨色石英和黄玉中可见与流体包裹体共生的熔体和熔流体包裹体，指示了熔体与流体的不溶混过程。与熔体包裹体共生的流体包裹体为富CO_2的气液两相或含非盐子矿物的多相包裹体。伟晶岩和云英岩阶段大量晶出黑钨矿，表明钨主要形成于熔流体转化阶段和早期流体阶段。除黑钨矿外，矿区还发现有辉钼矿化和少量黄铜矿化，其与云英岩化关系密切，主要产于云英岩化花岗岩中。

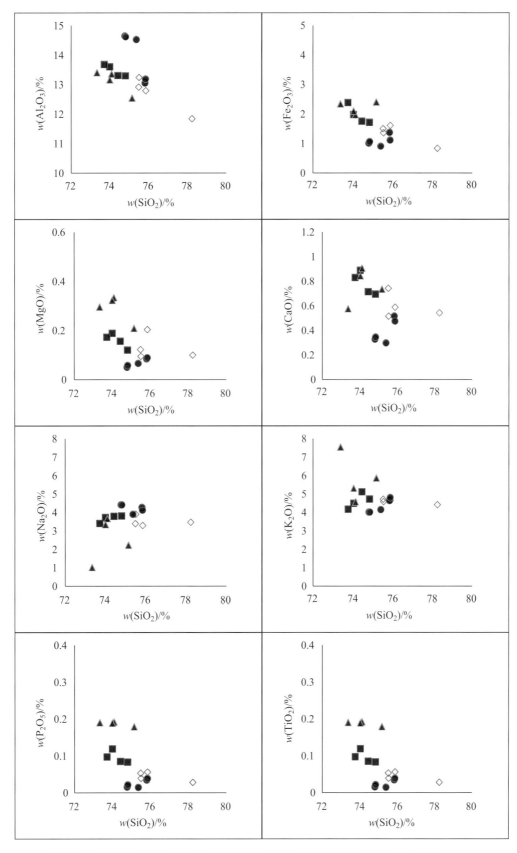

图 6.9　矿区主要侵入岩的主量元素 Harker 图解

图 6.10　梳状石英层（UST 结构）的显微镜下照片

b 为 a 的局部放大

根据流体包裹体在室温下的相态组成，可将矿区的流体包裹体分为如下几类：

M 类：熔体包裹体。室温下由淡绿色固相或不均匀固相组成，有时可见含一个或多个气相（图 6.11b）。

AC 类：含 CO_2 的水溶液包裹体。室温下由水溶液相、气相 CO_2、液相 CO_2 三相构成（图 6.11a、图 6.12a、图 6.12b），室温较高时仅出现水溶液相和气相 CO_2，是矿区发育最多的一类包裹体，在伟晶岩石英、云英岩化石英、萤石和黄玉中均大量发育。AC 类包裹体常与 C 类和 ASC 类（图 6.11c）包裹体共存，显示了不混溶包裹体的特征（图 6.11b）。另外在伟晶岩中早期自形石英和黄玉中可见其与熔体或熔流体包裹体共存（图 6.11b）。

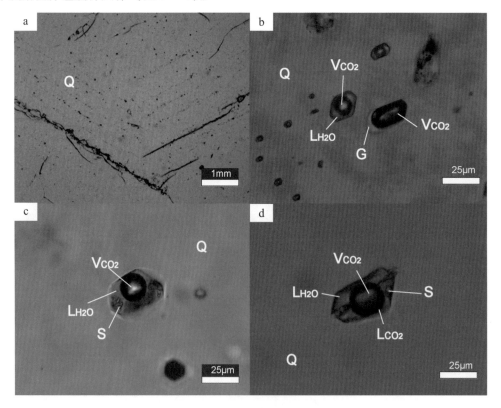

图 6.11　沙麦钨矿茶色石英中流体包裹体的显微镜下照片

a—伟晶岩茶色石英中沿生物环带排列的包裹体群；b—与 AC 类包裹体共存的熔体包裹体；c—含多个
固相子矿物的 ASC 类包裹体；d—含液相 CO_2 的 ACS 类包裹体；L_{H2O}—液相水；L_{CO_2}—液相 CO_2；V_{CO_2}—
气相 CO_2；S—固相；G—玻璃相；Q—石英

ASC 类：室温下由水溶液相、气相或气、液相 CO_2 及多个子矿物相组成，子矿物多呈细小的柱状，均为非盐子矿物（图 6.11c、图 6.11d、图 6.12b）。

C 类：为纯 CO_2 包裹体。室温下由气相或气液两相 CO_2 组成，加温后均一为气相 CO_2。

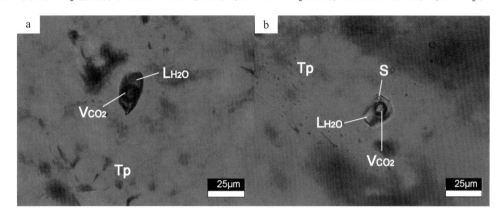

图 6.12　沙麦钨矿伟晶岩中黄玉中流体包裹体的显微镜下照片

a—AC 类流体包裹体；b—ASC 类流体包裹体；L_{H_2O}—液相水；V_{CO_2}—气相 CO_2；S—固相；Tp—黄玉

6.3.3　流体包裹体的显微测温分析

对熔体和熔流体包裹体未进行显微测温分析，目前完成的显微测温分析主要是针对含矿伟晶岩中茶色自形石英、白色他形石英和黄玉中的流体包裹体。流体包裹体显微测温结果见表 6.4。从表中可以看出，伟晶岩中流体包裹体以气液两相包裹体为主，包裹体均一温度为 196 ~ 341℃，盐度为 1.62% ~ 11.1%，属中-高温、低-中等盐度流体。早期结晶的茶色石英、黄玉中流体包裹体气相充填度较大、均一温度略高（279 ~ 341℃），而盐度相对较低（1.62% ~ 9.08%），而稍晚结晶的白色石英中包裹体均一温度略低（236 ~ 286℃）、盐度略高（5.26% ~ 7.02%），但总体变化不大。从流体包裹体组合特征看，无论是茶色石英还是黄玉中，常见与气液相包裹体共存的含子矿物的多相包裹体、熔体包裹体、熔流体包裹体和纯气相包裹体，表明熔体与流体不混溶是岩浆出溶流体的主要机制，流体出溶后经历了气液相分离过程（沸腾），但流体沸腾作用相对较弱，故高盐度流体包裹体不发育。

表 6.4　沙麦钨矿伟晶岩石英和黄玉中流体包裹体的显微测温结果

寄主矿物及产状	样品号	气相充填度（vol%）	类型	T_{m,CO_2}/℃	$T_{m,ice}$/℃	$T_{m,clath}$/℃	T_{h,CO_2}/℃	$T_{h,total}$/℃	盐度/%
含黑钨矿伟晶岩脉中白色石英	SM1016	20	AC		−4.4			277	7.02
		25	AC		−3.8			286	6.16
		20	AC		−4.1			236	6.59
		20	AC		−3.6			281	5.86
		20	AC		−4			276	6.45
		20	AC		−3.9			285.7	6.3
		15	AC		−4	4 ~ 5		267	6.45
		10	AC		−3.7			266	6.01
		30	AC		−4.1	8.5		279	6.59
		15	AC		−3.2	8.1		281	5.26
		20	AC		−3.5	7.8		264	5.71

寄主矿物及产状	样品号	气相充填度(vol%)	类型	T_{m,CO_2}/℃	$T_{m,ice}$/℃	$T_{m,clath}$/℃	T_{h,CO_2}/℃	$T_{h,total}$/℃	盐度/%
伟晶岩脉中茶色石英	SM1032	40	AC	-57.2	-5.1	9.2		294	1.62
		40	AC	-56.8	-5.3	8		302	3.89
		40	AC	-58.1	-4.5	8.4	29.6	319	3.15
		40	AC			8.1		290	3.71
		40	AC			8.5		298	2.96
		50	AC		-4.4	8.4		293	3.15
		40	AC		-4.6	6.1		309	7.21
		40	AC		-5	8.5		308.4	2.96
伟晶岩中黄玉	SM1134	10	AC		-5.4			240	8.41
		20	AC		-6			247	9.21
		10	AC					219	
		10	AC					224	
		15	AC		-7.5			196	11.1
		15	AC		-6.4			203	9.73
		15	AC		-5.3			212	8.28
		15	AC		-5.9			239	9.08
		10	AC		-6			256	9.21
		15	AC		-5.2			236	8.14
伟晶岩中黄玉	SM1136	30	AC		-5			341	7.86
		25	AC		-4.4			330	7.02
		35	AC					335	
		35	AC		-5.9			337	9.08
		30	AC		-4.6			292	7.31
		33	AC					302	
		25	AC					285	
		30	AC					279	

6.3.4 流体包裹体成分的 LRM 分析

流体包裹体气液相成分的 LRM 分析结果表明，早期茶色石英和黄玉中气液相包裹体中气相成分主要为 CO_2，液相成分为 H_2O，晚期结晶的白色石英中流体包裹体气相中除 CO_2 外还检出 CH_4，这与包裹体显微测温结果吻合。部分流体包裹体气相成分的 LRM 谱图列于图 6.13。

6.3.5 流体包裹体中水的 H、O 同位素组成

本次选择了伟晶岩中石英，黄玉进行了单矿物挑选和其中流体包裹体水的 H 和寄主矿物的 O 同位素分析。流体包裹体中水的 O 同位素据矿物 - 水的 O 同位素分馏方程计算而得（表 6.5）。流体包裹体均一温度代表了流体捕获的最低温度，因此 O 同位素计算采用的矿物 - 水平衡温度为流体包裹体显微测温结果中相对高值。石英和水的 O 同位素分馏方程 Clayton（1972），黄玉 - 水的 O 同位素分馏方程据郑永飞和陈江峰（2000）。将石英和黄玉中流体包裹体水的 H - O 同位素结果投于 δD_{H_2O} - $\delta^{18}O_{H_2O}$ 图

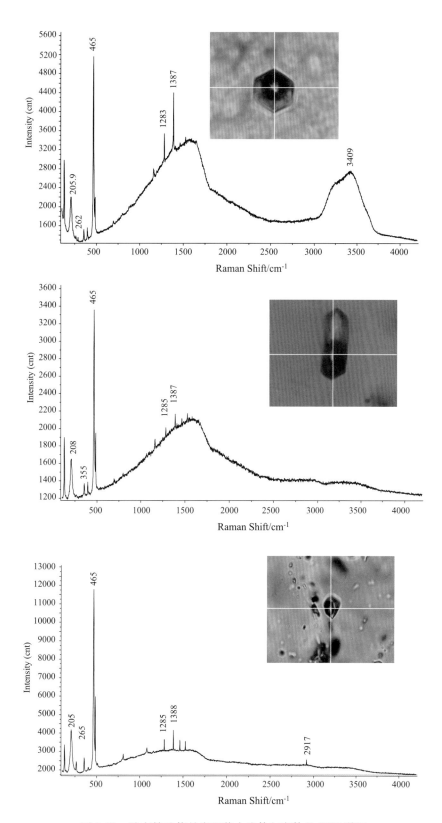

图 6.13　沙麦钨矿伟晶岩石英中流体包裹体的 LRM 谱图

a，b—茶色自形石英中 AV 类流体包裹体气相；c—白色石英中 AV 类包裹气相；插图为包裹体的镜下照片及测点位置

解（图 6.14），其中黄玉中流体包裹体投影点落入岩浆水范围，而石英中流体包裹体水的投影点偏离岩浆水，位于岩浆水的左下方。包裹体岩相学结果表明，岩浆早期出溶流体经历了一定程度的沸腾或相分离过程，在流体沸腾过程中 CO_2 趋向于进入气相，而 CO_2 与水相比更富重的 O 同位素，这可能是

造成 O 同位素偏离的主要原因。而 H 同位素的偏离可能是由于水岩反应过程中与含水矿物的形成有关。矿区内最主要的水岩反应是斜长石蚀变为白云母（或绢云母）（反应温度约300℃左右），这一反应对流体的 O 同素组成影响较小，但可造成 H 同位素的明显变化。包裹体中水的 H－O 同位素结果进一步证实了早期成矿流体主要来自岩浆水。

表 6.5　沙麦钨矿伟晶岩中石英和黄玉中水的 H、O 同位素结果

样号	矿物	$\delta D_{H_2O-SMOW}/‰$	$\delta O_{矿物-SMOW}/‰$	$\delta O_{H_2O-SMOW}/‰$	计算温度/℃
SM1125	黄玉	−57.7	9.9	8.32	340
SM1126	黄玉	−66.1	8	6.42	340
SM1128	黄玉	−58.1	7.9	6.32	340
SM1086	石英	−100	8.8	−0.66	250
SM1168	石英	−105.4	10.4	0.94	250
SM1169	石英	−95.1	10.1	0.64	250

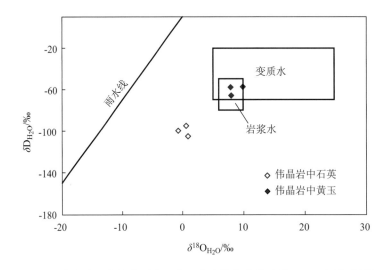

图 6.14　沙麦矿区伟晶岩石英和黄玉中流体包裹体水的 H－O 同位素图解

7 东乌旗地区钼(钨)－铅锌(银)－多金属矿床的成矿模型

成矿地质模型在找矿勘查中具有重要的作用,这在世界勘查历史已经得到证实。近年来,斑岩系统这一概念越来越受到矿床学界的重视,在国内外均发现大量与热液型铅锌、银、金共生,具有成因联系的斑岩型矿床。浅成低温热液型铅锌、银、金矿床与斑岩型矿床的关系研究近年来取得了重要进展,已初步建立了斑岩型－浅成低温热液矿床的概念模型(Hedenquist,2000),这一模型在指导矿区找矿勘查中起到了重要作用,并在国际矿床学界得到广泛认同。

近20年来,我国斑岩型钼矿床的找矿勘查取得了重大进展,特别是在产于华北与扬子板块结合带的秦岭－大别成矿带、产于华夏与扬子板块结合带的钦杭成矿带东段、产于亚伯利亚板块与华北板块结合带的兴蒙成矿带东段等。由于其巨大的钼资源潜力,而引起了国内外学者的关注。除钼外,这些矿床还经常含有经济意义的钨、铜,并常与热液型铅锌(银)矿、矽卡岩型铁(锌)矿具有密切的空间联系。笔者认为,斑岩－矽卡岩型钼(钨)－多金属矿床很可能成为我国最重要的矿床类型之一,其不仅具有重要的钼资源潜力,同时其钨、铜、铅、锌、银资源也具有重要的经济意义。相对于与弧岩浆活动有关的斑岩铜金系统(如紫金山斑岩铜金系统),与大陆碰撞或碰撞后伸展有关的斑岩铜钼矿床(如西藏的冈底斯成矿带、玉龙成矿带)研究也取得重要进展,已初步建立了大陆环境斑岩型铜、铜钼、斑岩型钼矿床的成矿地质模型,对其产出的构造背景、成矿岩浆起源、矿质迁移与富集机制等有了较为深入的认识(参见侯增谦等,2010及其中文献)。相对于上述斑岩成矿系统,对我国燕山期成矿的斑岩型钼钨－多金属矿床的研究尚相对薄弱,对其成矿地质背景、与成矿有关的岩浆岩类型、岩浆起源与演化、成矿物质迁移与富集机理等尚未达成一致的见解。

东乌旗地区地处中国东部,区内燕山期岩浆活动发育,已发现的矿床类型多样,已有资料均证实其均为燕山期成矿事件产物,因此详细开展区内不同类型矿床的成因研究和成矿对比,对揭示中国东部燕山期钼(钨)－多金属成矿事件的构造背景、空间分布具有指示意义。

7.1 中国东部斑岩－矽卡岩型钼(钨)－多金属矿床的时空分布

中国北南向的中轴构造带从鄂尔多斯西侧一直延伸到云南南部,以其为界可将中国大陆分为东西两部分(马宗晋等,2006)。东部和西部的重力梯度值分布有明显的比例差异,东部以低梯度为背景,西部以中梯度的线状格局为主体,这种差异反映了中国东、西部地壳介质和构造变形方式与强度的差异(马宗晋等,2006)。

近20年来,中国东部的斑岩－矽卡岩型钼(钨)－多金属矿床的找矿勘查取得了重要进展,特别是在中国东部发现了一批燕山期的大型、超大型钼、钨、铅锌(银)矿床。这些矿床主要集中在以下几个重要的成矿带,包括秦岭－大别成矿带、钦杭成矿带东段、长江中下游成矿带、兴蒙成矿带等。

钦杭成矿带东段目前已发现有安吉、朗村、竹溪岭、逍遥、东源等一系列斑岩－矽卡岩型钼(钨)－多金属矿床,初步形成了斑岩－矽卡岩型钼(钨)－多金属矿集区,这些矿床沿华夏与扬子板块的古板块结合带——钦杭结合带分布。尽管对华夏地块与扬子板块的拼合时间,目前仍存在认识上的分歧,但一般认为是在晋宁期(如900 Ma,周新民等,1993;舒良树等,1995),而产于钦杭成矿带东段的钼(钨)－多金属矿床的成岩成矿年龄主要集中在晚侏罗世到早白垩世,如安吉钼－铅锌矿与成矿有关的细粒花岗岩的锆石 U－Pb 年龄为 133.9 ± 1.3 Ma 和 134.5 ± 1.6 Ma(谢玉玲等,

2012)，辉钼矿 Re – Os 等时线年龄在 139.2 ± 5 Ma，加权平均年龄为 138.58 ± 0.72 Ma（谢玉玲等，未发表资料），安徽宁国的竹溪岭钼矿的花岗岩（成矿前）的锆石 U – Pb 年龄在 138.7 ~ 142 Ma（陈雪霏等，2013）、逍遥钨钼矿的辉钼矿 Re – Os 等时线年龄在 141.2 ± 1.1Ma（谢玉玲，未发表资料）；皖南东源钨钼矿的 Re – Os 同位素年龄为 146.4 Ma（周翔等，2011）。从已有年代学资料看，辉钼矿 Re – Os 年龄总体集中在 133.9 ~ 146.4 Ma，为晚侏罗世—早白垩世，属晚燕山阶段。

大别造山带为扬子陆块和华北陆块的结合带，其最终碰撞发生在二叠纪末—三叠纪初（江来利等，2005），但该成矿带目前已发现的一系列斑岩型钼、铜钼矿床的成岩、成矿年龄主要集中在晚侏罗世—早白垩世。如沙坪沟钼矿成矿斑岩（石英正长岩、石英正长斑岩）的锆石 U – Pb 年龄为 120.7 ~ 122.5Ma，而辉钼矿 Re – Os 年龄为 100 ~ 113.6 Ma，为早白垩世产物（孟祥金等，2012）。西冲钼矿与成矿关系密切的细粒花岗岩的锆石 U – Pb 年龄为 130.8 Ma（谢玉玲，2015），而双峰式脉岩的锆石 U – Pb 年龄为 132.4 ~ 129.5 Ma（谢玉玲等，2014）。南泥湖斑岩型钼钨矿床辉钼矿 Re – Os 模式年龄为 141.8 ± 2.1 Ma（李永峰等，2003）、上房沟矿床的辉钼矿 Re – Os 模式年龄为 143.8 ± 2.1 ~ 145.8 ± 2.1 Ma，平均为 144.8 ± 2.1 Ma，等时线年龄为 141.5 ± 7.8 Ma（李永峰等，2003）、大银尖斑岩 – 矽卡岩型钼（钨）– 多金属矿床的辉钼矿 Re – Os 等时线年龄为 122.4 ± 7.2 Ma（罗正传等，2010）；夜长坪斑岩 – 矽卡岩型钼（钨）– 多金属矿床获得辉钼矿 Re – Os 模式年龄 145.4 ± 2.1 ~ 143.6 ± 2.4 Ma，等时线年龄 145.3 ± 4.4 Ma（毛冰等，2011）；姚冲钼矿获得辉钼矿 Re – Os 等时线年龄为 136.9 ± 1.20 Ma，模式年龄加权平均为 137.19 ± 0.79 Ma（罗正传等，2013）。由上述年代资料可见，大别成矿带斑岩型钼（钨）多金属矿的成矿时代主要集中在 100 ~ 146 Ma，为晚侏罗世—早白垩世成矿，明显晚于华北与扬子板块的陆陆碰撞时间，亦产于碰撞后的陆内环境。

另外，在长江中下游成矿带、中国东北、华南等地均发现了一批具有重要经济意义的燕山期斑岩型钼（钨）矿或斑岩 – 矽卡岩型钼、钨 – 多金属矿床。如长江中下游地区的安徽池州地区的马头斑岩型钼铜矿床（艾金彪等，2013）、百丈岩矽卡岩 – 斑岩型钨钼矿床（秦燕等，2010）、大湖塘斑岩型 W – Mo – Cu 矿床（139.2Ma，Mao et al.，2013）、阳储岭斑岩型 W、Mo 矿床（140.5Ma，满发胜和王小松，1988）、香炉山矽卡岩型 W 矿（白钨矿 Sm – Nd 等时线年龄为 121Ma，张家青等，2008）。

7.2 东乌旗地区主要矿床类型的成矿时代和成矿背景

东乌旗地区位于兴蒙成矿带东段，该成矿带已有的成岩、成矿年龄资料表明，兴蒙成矿带东段的斑岩型钼、云英岩型钨、热液型铅锌（银）– 多金属矿床均与燕山期岩浆活动有关。中国科学院地球化学研究所（2012）测得迪彦钦阿木斑岩钼矿的辉钼矿的 Re – Os 同位素年龄在 156.2 Ma，属中侏罗世；沙麦钨矿与矿化有关的云英岩化白云母 Ar – Ar 年龄为 156 Ma（胡鹏等，2012），矿区主要侵入岩的锆石 U – Pb 年龄为 138.6 ~ 130.4 Ma（本书）；花脑特银 – 多金属矿床与成矿有关的石英正长岩锆石 U – Pb 年龄为 172.6 Ma（本书）、阿尔哈达铅锌矿床与成矿细粒花岗岩锆石 U – Pb 年龄为 152.4 Ma、蚀变白云母的 Ar – Ar 年龄为 156.27 Ma（本书），这些年代学资料均证实，无论是斑岩型、云英岩型、热液型矿床均为燕山期成矿事件产物，是中国东部燕山期大规模成矿事件的响应。尽管对华北与西伯利亚板块的碰撞拼合时间，目前主要有两种看法，一些学者认为是在晚泥盆世—早石炭世（邵济安，1991；洪大卫等，1994；陈斌和徐备，1996，1997），另一种认为发生在二叠纪或三叠纪初（Sengor 等，1993；Sengor and Natal'in，1996；陈斌等，2001；Chen 等，2007；陈衍景等，2009），而该成矿带目前已知斑岩型钼、云英岩型钨、热液型铅锌（银）– 多金属矿床的形成均为燕山期，因此其形成于碰撞后的陆内环境。

侵入岩的侵位序列和岩石化学表明，区内最晚的侵位单元为一套双峰式脉岩组合，其由基性单元和长英质单元组成。双峰式岩浆活动是碰撞后岩石活动的记录，其形成于大陆边部或内部，可形成于多种机制，如岩石圈拆沉、斜向碰撞、大规模走滑、裂谷等。区内矿床（点）的空间展布显示受北东与北西和近东西向断裂构造控制，区内火山岩盆地、岩浆岩带也显示了受构造控制的斜列式排列特征。中生代兴蒙成矿带东部由于受到古太平洋板块相对亚洲大陆向北剪切走滑的影响（邵济安，2009），致使近东西向古板块结合带断裂再次活化。古板块结合带和北东－北北东向走滑断裂深切地幔，为幔源物质上升提供了通道，特别是走滑形成的局部张性空间。前人研究表明，碰撞后大规模高钾钙碱性或少数钾玄岩与沿剪切断裂的大规模移动有关，其源区富集 K、Rb、Th、U 和 Ta，仅有少量古老地壳熔融的贡献（Liegeois et al.，1998）。在随后的碰撞后环境中，会伴随着高压变质岩的剥露，大规模走滑和伸展断裂的发生（Sylvester，1998），出现高钾钙碱性花岗岩类岩浆的侵入活动，这种碰撞后的岩浆作用一般持续较短的时间，就会被造山后的 A 型花岗岩类或碱性或过碱性岩浆作用所取代，从而标志着碰撞造山作用的结束和伸展塌陷的出现（Bea et al.，1999；Liegeois et al.，1998）。从区内主要岩石单元的变形特征可以看出，燕山期侵位的黑云母二长花岗岩、细粒花岗岩、石英正长岩和双峰式脉岩组合均未见明显的韧性变形和强烈挤压变形的痕迹，表明其侵位后未发生强烈的挤压变形。从区内不同期次岩浆岩的规模、产状和侵位特征看，黑云母二长花岗岩显示了底劈式上侵的特点，双峰式脉岩（石英正长斑岩、基性脉岩）显示了岩墙式扩展侵位的特点，表明燕山期区内经历了快速的抬升过程。岩石圈拆沉、减薄、大规模走滑或裂谷引起的软流圈上涌均可造成这种快速抬升。综合区内构造演化、岩浆侵位序列、岩石学和岩石化学特征，笔者认为，大规模走滑可能是引起的软流圈上涌、岩石圈地幔或下地壳部分熔融的主要机制。

7.3 成矿岩浆的起源和演化

从该成矿带已知矿床的燕山期岩浆侵位序列看，其总体表现为早期为黑云母二长质（黑云母二长花岗岩），其后为细粒花岗岩，双峰式脉岩（石英正长岩或石英正长斑岩和基性脉岩）是最晚的岩浆岩单元，由基性和碱性脉岩组成，常在空间紧密伴生，成矿主要与细粒花岗岩（如阿尔哈达）或石英正长（斑）岩（如迪彦钦阿木、花脑特）关系最为密切。早期侵位的黑云母二长花岗岩中常可见闪长质暗色包体，可能是岩浆混合的证据。前人根据大兴安岭晚侏罗世火山岩和中生代花岗岩的 Sr、Nd 同位素结果，认为大兴安岭地区中生代花岗岩来源于壳幔混熔的岩浆房，推测岩浆房中有来自壳幔过渡带残余的古蒙古洋洋壳物质（邵济安，2009）。

岩石化学结果表明，从早期侵位的含暗色包体的黑云母二长花岗岩、细粒花岗岩再到双峰式脉岩中的酸性单元（石英正长斑岩/正长花岗斑岩），其稀土、Ba、Sr 等元素含量呈现规律性变化。与成矿关系密切的细粒花岗岩、石英正长斑岩属高钾钙碱性－钾玄岩系列，在 $K_2O－Na_2O$ 图解中均落入 A 型花岗岩区域，稀土配分曲线显示明显的 Eu 负异常。还原条件下斜长石的结晶对 Eu 异常的产生影响很大，斜长石大量的结晶析出或源区斜长石残留均会造成熔体中形成较显著的 Eu 负异常。区内主要侵入岩的稀土、微量元素组成变化具有多解性，可以用基性单元的不混溶、幔源流体加入或岩浆演化过程中基性矿物的分离结晶解释。从区内大地构造演化、岩浆侵位序列、侵位关系、侵入岩产状和岩石化学特征变化趋势看，用幔源岩浆底侵、地幔流体加入造成的下地壳或地幔岩石圈部分熔融来解释区内主体侵入岩的岩浆源区较为合理。富含稀土的古洋壳部分熔融形成的基性岩浆中具有高的 Ba、Sr、稀土含量，这些元素在岩浆上侵过程上易富集于从基性岩中分离出的碳酸岩熔体或碳酸岩流体中，且由于黏度低而向上快速迁移。碳酸盐熔体、流体交代上地幔或下地壳，可造成岩浆及出溶流体中稀土元素、Sr、Ba 等含量升高，这是造成区内与斑岩－云英岩型钼（钨）矿化有关的蚀变中富含稀土矿物的原因。黑云母二长花岗岩中的暗色包体可能代表了幔源岩浆混合的证据，晚期侵位的石英正长岩具有最高的 Sr、Ba 和成矿金属（如 Cu、Zn）含量及较高的稀土元素含量，表明此时由于抬升、减压造成深部基性单元碳酸岩熔体、流体的大量出溶。区内最晚期侵位的石英正长岩和相伴出现的基性脉岩可能代表了幔源和壳源岩浆的两个端元，基性脉岩的侵位应代表了整个构造——岩浆事件的结束。

7.4 岩浆出溶流体过程、出溶流体性质及流体演化

本次研究发现，在沙麦钨矿的斑状二长花岗岩、细粒花岗岩中大量发育记录岩浆－流体转化过程的梳状石英层、伟晶岩脉、石英－长石脉等。在花脑特石英正长斑岩中大量发育石英－钾长石晶洞，另外在迪彦钦阿木的钻孔岩心也发现细粒石英正长岩中的石英、钾长石、萤石脉，均代表了岩浆－流体转化过程的产物。这些熔体－流体转化过程的记录为研究岩浆出溶流体过程、出溶流体特征提供了可能。通过对沙麦钨矿、迪彦钦阿木斑岩钼矿、花脑特银－多金属矿床代表岩浆出溶流体记录样品中流体包裹体岩相学、显微测温和成分分析，笔者认为，成矿岩浆经历了两次沸腾和流体出溶。第一次为由于岩浆快速上侵造成的减压沸腾，出溶流体为低盐度、富 CO_2 流体，富 CO_2 流体出溶后经历了沸腾作用，但沸腾作用相对较弱。区内主要的钨矿化与岩浆的第一次沸腾有关，形成于熔流体转化阶段及其后的低程度沸腾；岩浆演化过程中由于长石等大量无水矿物的结晶分异造成了岩浆的二次沸腾，出溶流体为中等盐度的富水流体。通过对花脑特矿区代表岩浆出溶流体的晶洞石英中高盐度流体包裹体的 LA－ICP－MS 分析，发现其中富含 Mo、Pb、Zn、Sb、As、Bi、Sn、Ag 等成矿金属，与区内主要矿化和金属组合十分吻合，进一步证实了岩浆流体与成矿的关系。富水的中等盐度流体沸腾形成高盐度液相和低盐度、低密度气相，并造成主要的钼沉淀。前人研究表明，铅锌等贱金属易与 Cl 等形成络合物进行迁移，因此在流体沸腾过程中铅锌等贱金属主要残留于高盐度液相中，并沿断裂迁移，高盐度流体与大气降水混合造成的温度、盐度降低或与还原性地层反应造成的流体氧化还原条件的变化是造成 Pb、Zn 沉淀的主要机制。铅锌一般形成于远离成矿岩体的断裂系统中，是岩浆热液远程迁移的结果。

7.5 钼（钨）－铅锌－多金属成矿系统的蚀变和矿化特征

研究结果表明，区内矿床类型主要包括斑岩型钼矿床、云英岩型－伟晶岩型钨矿床、热液型铅锌（银）矿床、浅成低温热液型银－多金属矿床和矽卡岩型铁锌矿床等，这些矿床均形成于燕山期，与燕山期偏碱性－碱性岩浆活动有关，构成了从斑岩型钼（钨）－浅成低温热液型铅锌（银）成矿系统。

从矿化类型和蚀变分带特征上看，区内主要蚀变类型包括伟晶岩化、钾长石化、硅化、云英岩化、绢云母化、绿泥石化、绿帘石化、碳酸盐化、磁铁矿化和泥化等。其中伟晶岩化、云英岩化主要发育于深部，与钨钼矿化关系密切；绿帘石化、磁铁矿化或绢云母化、含铁碳酸盐化发育于云英岩化外围，并与云英岩化叠加，绿泥石化、碳酸盐化发育于岩浆系统外围，主要沿断裂分布，少数呈面状分布，与铅锌（银）矿化关系密切，泥化常叠加于各期蚀变之上，主要受断裂系统控制。

7.6 东乌旗地区钨、钼－铅锌（银）－多金属矿床的成矿系统模型和找矿标志

从区内已知矿床的分布看，总体沿南、北两条岩浆岩带展布，成矿岩浆的侵位受北东和北西或近东西向断裂交汇部位控制，北西和近东西向断裂为先存断裂，在燕山期再次活化。北东向断裂为燕山期断裂，主要表现为张扭性的特征，应为中国东部北东向大规模走滑断裂的次级构造，是区内重要的控岩、控矿断裂。区域大规模走滑断裂为深切岩石圈的断裂，为幔源物质上涌提供了通道，幔源岩浆上涌诱发了岩石圈的部分熔融和地壳快速抬升，走滑产生的局部张性空间控制了岩浆侵位，其侵位机制与热穿事件相似。

与成矿有关的侵入岩为细粒花岗岩、细粒正长岩－石英正长斑岩，是该岩浆系统演化晚期的产物，常具有高的成矿金属含量，如 Cu、Sb、Pb、Zn 等。由于其高的金属含量，因此地表细粒花岗

岩、石英正长斑岩分布区常形成一定的化探异常区，可作为区域重要的找矿标志。

从区域成矿模式看，其具有中心（深部）W、Mo，中部 Cu、Ag、Sb，上部或外围 Pb、Zn（Ag）的规律，在化探上也显示出了围绕 W、Mo 异常形成近环状分布的 Pb、Zn、Cu、Sb 异常的特征。由于该成矿系统中铜常以黝铜矿族矿物的形式出现，且矿物组合中常见毒砂和辉铋矿，因此化探异常中的 As、Sb、Bi、Cu 组合异常对寻找铜银矿化或指示矿化中心具有重要的意义。

综合区内典型矿床研究成果，初步提出了东乌旗地区钼（钨）－铅锌（银）－多金属成矿模型（图 7.1）。

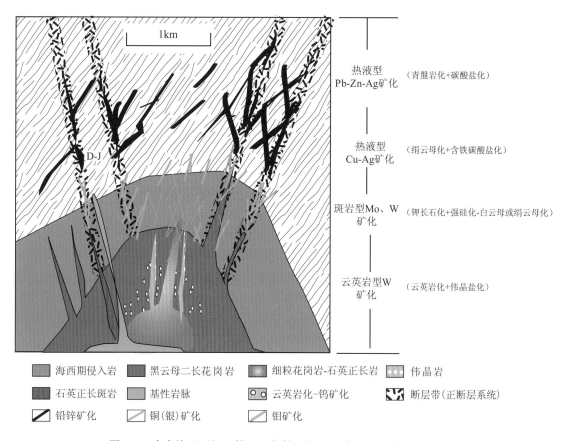

图 7.1 东乌旗地区钼（钨）－铅锌（银）－多金属矿床的成矿模式

结　　论

（1）在文献调研和野外地质调研基础上，对东乌旗地区钼、钨、铅锌矿床的成矿地质背景进行分析。结果表明，该成矿系统发育于西伯利亚板块与华北板块结合带的北侧，西伯利亚板块南缘。该区经历了复杂的构造演化，包括蒙古洋的俯冲、消减、陆陆碰撞及碰撞后的伸展等。区内成矿事件主要集中在燕山期，形成于碰撞造山后的陆内环境，是中国东部燕山期大规模成矿事件的产物。燕山期太平洋板块的斜向俯冲引起的北东向走滑断裂及先期断裂的再活化控制了区内成矿岩浆的侵位。

（2）区内矿床类型主要包括斑岩型钼矿床、云英岩型－伟晶岩型钨矿床、热液型铅锌（银）矿床、浅成低温热液型银－多金属矿床和矽卡岩型铁锌矿床等，其均与燕山期岩浆活动有关，构成了斑岩型钼钨（含云英岩型）－浅成低温热液型铅锌（银）成矿系统。

（3）与成矿有关的燕山期岩浆活动由早至晚分别表现为黑云母二长花岗岩（或石英二长斑岩）、斑状－细粒花岗岩和双峰式脉岩（由石英正长斑岩/细粒正长岩和基性脉岩组成），其是同源岩浆演化的产物，晚期的细粒花岗岩和正长岩中富含成矿金属，与成矿关系最为密切。成矿岩体在岩石化学上显示偏碱性－碱性的 A 型花岗岩特征。

（4）岩浆经历了两次流体出溶（沸腾）事件，区内主要的钨矿化与岩浆的第一次沸腾有关，形成于熔流体转化阶段及其后的 CO_2 与水的不混溶或流体沸腾；岩浆演化过程中由于长石等大量无水矿物的结晶分异造成了岩浆的二次沸腾，出溶流体为中等盐度的富水流体，其中富含 Mo、Pb、Zn、Sb、As、Bi、Sn 等成矿金属。富水的中等盐度流体沸腾形成高盐度液相和低盐度、低密度气相，并造成主要的钼沉淀；而铅锌矿化主要与高盐度流体与大气降水混合造成的温度、盐度降低或岩浆流体与还原性地层的水岩反应有关，是岩浆热液远程迁移的结果。

（5）矿区铅锌矿化主要受断裂构造控制，特别是北西－北西西和北东近南北向断裂交汇部位，北西－北西西向构造为成矿前构造，而北东－近北南向断裂为成矿期构造，成矿岩体的分布主要受近北西－近东西与北东向构造交汇部位控制。

（6）从矿化和蚀变分带看，云英岩化、伟晶岩化代表该成矿系统的深部蚀变，与钨（钼）矿化关系密切，但云英岩化可延伸到较浅处；绢云母化蚀变、含铁碳酸盐蚀变和富 As 的硫化物蚀变形成于该成矿系统的中部，与铜银矿化有关；绿泥石化、碳酸盐化形成于该系统的浅部或外围，常沿断裂构造发育，形成断裂控制的铅锌（银）矿化。地球化学上该成矿系统常表现出中部钼、钨异常，外围铅锌异常的化探分布规律，其可作为区域找矿的重要标志。

参 考 文 献

内蒙古自治区地质局. 1973. 1:200000 中华人民共和国区域地质调查报告(东乌珠穆沁旗幅)(地质部分)[R], 1~88.

内蒙古自治区地质局. 1977. 1:200000 中华人民共和国区域地质调查报告(乌拉盖幅)(地质部分)[R]. 1~54.

内蒙古自治区地质局. 1978b. 1:200000 中华人民共和国区域地质调查报告(额仁高比、沙尔沟特幅)(地质部分)[R]. 1~86.

内蒙古自治区地质矿产局. 1991. 内蒙古自治区区域地质志[M]. 北京:地质出版社, 1~725.

中国科学院地球化学研究所. 2010. 内蒙古东乌珠穆沁旗迪彦钦阿木钼矿床成矿机理, 20~71.

中国冶金地质总局第一地质勘查院. 2005. 内蒙古自治区东乌珠穆沁旗阿尔哈达矿区Ⅰ号带7—39线铅锌矿详查报告[R].

中国冶金地质总局第一地质勘查院. 2007. 内蒙古自治区东乌珠穆沁旗阿尔哈达矿区Ⅰ号带39—75线铅锌矿详查报告[R].

中国冶金地质总局第一地质勘查院. 2012. 内蒙古自治区东乌珠穆沁旗阿尔哈达矿区铅锌矿勘探及详查报告[R].

安徽省地质矿产勘查局332地质队. 2013. 安徽省宁国市竹溪岭钨银多金属矿普查报告[R].

陈斌, 徐备. 内蒙古苏左旗地区古生代两类花岗岩类的基本特征和构造意义[J]. 岩石学报, 1996, 12(4):546~561.

Wilde S A, 吴福元, 张兴洲. 2001. 中国东北麻山杂岩晚泛非时期变质的锆石 SHRIMP 年龄证据及全球大陆再造意义[J]. 地球化学, 30(1):35~50.

艾金彪, 马生明, 朱立新, 樊连杰, 胡兆鑫, 席明杰. 2013. 长江中下游马头斑岩型钼铜矿床常量元素、稀土元素特征及迁移规律[J]. 地质学报, 87(5):691~702.

陈斌, 赵国春, SimonWILDE. 2001. 内蒙古苏尼特左旗南两类花岗岩同位素年代学及其构造意义[J]. 地质论评, 47(4):362~367.

陈雪霏, 汪应庚, 孙卫东, 杨晓勇. 2013. 皖南宁国竹溪岭地区花岗岩锆石 U-Pb 年代学及地球化学及其成因研究[J]. 地质学报, 87(11):1662~167.

陈衍景, 翟明国, 蒋少涌. 2009. 华北大陆边缘造山过程与成矿研究的重要进展和问题[J]. 岩石学报, 25(11):2695~2726.

杜玉雕, 刘家军, 余心起, 周翔, 杨赫鸣, 杨隆勃, 黄永海. 2013. 安徽逍遥钨多金属矿床成矿物质来源与成矿:碳、硫和铅同位素证据[J]. 中国地质, 40(20):566~579.

段士刚, 薛春纪, 冯启伟, 等. 2011. 豫西南赤土店铅锌矿床地质、流体包裹体和 S、Pb 同位素地球化学特征[J]. 中国地质, 38(2):427~441.

葛文春, 吴福元, 周长勇, 等. 2005a. 大兴安岭北部塔河花岗岩体的时代及对额尔古纳地块构造归属的制约[J]. 科学通报, 50(12):1239~1246.

葛文春, 吴福元, 周长勇, 等. 2005b. 大兴安岭中部乌兰浩特地区中生代花岗岩的锆石 U-Pb 年龄及地质意义[J]. 岩石学报, 21(3):749~760.

郭胜哲, 苏养正, 池永一, 等. 1992. 内蒙古-东北地槽区古生代生物地层古地理[M]. 北京:地质出版社, 71~143.

郭翔, 谢玉玲, 王爱国, 姚羽, 张建, 王蕾, 等. 2013. 安徽西冲钼矿床双峰式脉岩的锆石 U-Pb 年龄及其地质意义[J]. 矿物学报, 316~317.

洪大卫, 黄怀曾, 肖宜君, 等. 1994. 内蒙中部二叠纪碱性花岗岩及其地球动力学意义[J]. 地质学报, 68(3):219~230.

侯增谦. 2010. 大陆碰撞成矿论[J]. 地质学报, 30~58.

胡鹏, 聂凤军, 等. 2005. 内蒙古沙麦钨矿床地质及流体包裹体研究[J]. 矿床地质, 24(6):603~612.

胡鹏, 闫秋实, 赖万昌. 2012. 库车盆地岩盐及卤水地球化学特征及成矿远景分析[J]. 四川有色金属, 12(4):38~54.

胡骁, 许传诗, 牛树银. 1990. 华北地台北缘早古生代大陆边缘演化[M]. 北京:北京大学出版社.

江来利, 吴维平, 储东如. 2005. 大别造山带东段扬子陆块和华北陆块间缝合带的位置[J]. 地球科学, 30(3):264~274.

金岩, 刘玉堂, 谢玉玲. 2005. 内蒙东乌旗地区岩浆活动与多金属成矿的关系[J]. 华南地质与矿产, (1):8~9.

金章东, 朱金初, 李峻峰, 等. 2000. 成矿流体对德兴斑岩铜矿床中伊利石结晶度的制约[J]. 中国科学, 30(5):465~470.

李昌年. 1992. 火成岩微量元素岩石学[M]. 武汉:中国地质大学出版社, 97.

李承东, 张福勤, 苗来成, 等. 2007. 吉林色洛河晚二叠世高镁安山岩 SHRIMP 锆石年代学及其地球化学特征[J]. 岩石学报, 23(4):767~776.

李建波, 王涛, 郭磊, 等. 2012. 韧性剪切带的剪切作用类型和韧性减薄量[J]. 地质通报, 3(11):26~37.

李锦轶, 高立明, 孙桂华, 等. 2007. 内蒙古东部双井子中三叠世同碰撞壳源花岗岩的确定及其对西伯利亚与中朝古板块碰撞时限的约束[J]. 岩石学报, 23(3):565~582.

李锦轶, 牛宝贵, 宋彪. 1999. 长白山北段地壳的形成与演化[M]. 北京:地质出版社, 1~136.

李锦轶. 1986. 内蒙古东部中朝板块与西伯利亚板块之间古缝合带的初步研究[J]. 科学通报, 14:1093~1096.

李锦轶. 1998. 中国东北及邻区若干地质构造问题的新认识[J]. 地质论评, 44(4):339~347.

李诺, 陈衍景, 倪智勇, 等. 2009. 河南省嵩县鱼池岭斑岩钼矿床成矿流体特征及其地质意义[J]. 岩石学报, 25(10):2509~2522.

李文国, 李虹. 1999. 锡林郭勒盟地层古生物综述[J]. 内蒙古文物考古, 2:1~17.

李献华, 周汉文, 刘颖, 等. 2001. 粤西阳春中生代钾玄质侵入岩及其构造意义:Ⅱ. 微量元素和 Sr-Nd 同位素地球化[J]. 地球化学,30(1):57~66.

李永峰,毛景文,白凤军,李俊平,和志军.2003.东秦岭南泥湖钼(钨)矿田 Re - Os 同位素年龄及其地质意义[J].地质论评,49(6):652~659.

李占轲,李建威,陈蕾,等.2010.河南洛宁沙沟 Ag - Pb - Zn 矿床银的赋存状态及成矿机理[J].中国地质大学学报,35(4):621~636.

连长云,章革,元春华,等.2005.短波红外光谱矿物测量技术在热液蚀变矿物填图中的应用——以土屋斑岩铜矿床为例[J].中国地质,32(3).

刘正宏,刘雅琴,冯本智.2000.华北板块北缘中元古代造山带的确立及其构造演化[J].长春科技大学学报,30(2):110~114.

罗正传,李永峰,等.2013.豫南大别山北麓姚冲钼矿床辉钼矿 Re - Os 同位素年龄及其地质意义[J].地质学报,87(9):1360~1369.

罗正传.2010.大别山北麓钼金银多金属矿成矿规律及找矿方向[J].矿产与地质,24(2):125~131.

马昌前.1989.结晶分异作用的岩浆动力学条件[J].地球科学 - 中国地质大学学报,3:003.

马宗晋,高祥林,宋正范.2006.中国布格重力异常水平梯度图的判读和构造解释[J].地球物理学报,2006,49(1):106~114.

满发胜,王小松.1988.阳储岭斑岩型钨钼矿床同位素地质年代学研究[J].矿产与地质,04.

毛冰,叶会寿,李超,肖中军,杨国强.2010.豫西夜长坪钼矿床辉钼矿铼 - 锇同位素年龄及地质意义[J].矿床地质,30(6):1069~1074.

孟祥金,徐文艺,吕庆田,屈文俊,李先初,史东方,文春华.2012.安徽沙坪沟斑岩钼矿锆石 U - Pb 和辉钼矿 Re - Os 年龄[J].地质学报,86(3):486~494.

莫宣学,赵志丹,邓晋福,等.2003.印度 - 亚洲大陆主碰撞过程的火山作用响应[J].地学前缘,10(3):135~148.

聂凤军,江思宏,白大明,等.2007a.中蒙边境中东段金属矿床成矿规律和找矿方向[M].北京:地质出版社,1~574.

聂秀兰,侯万荣.2010.内蒙古迪彦钦阿木大型钼 - 银矿床的发现及地质意义[J].地球学报,31(3):469~472.

裴先治,丁仁平,张国伟,等.2007.西秦岭北缘新元古代花岗质片麻岩的 LA - ICP - MS 锆石 U - Pb 年龄及其地质意义[J].地质学报,81(6):772~786.

彭玉鲸,纪春华,辛玉莲.2002.中俄朝毗邻地区古吉黑造山带岩石及年代纪录[J].地质与资源,11(2):65~75.

钱明,高群学.2006.内蒙古东乌旗阿尔哈达铅锌矿区矿床成因探讨[J].地质找矿论丛,21:70~73.

秦燕,王登红,李延河,王克友,吴礼彬,梅玉萍.2010.安徽青阳百丈岩钨钼矿床成岩成矿年龄测定及地质意义[J].地学前缘,17(2):170~177.

曲晓明,侯增谦,辛洪波.2006.西藏冈底斯碰撞造山带两套埃达克岩的锆石 SHRIMP U - Pb 年龄及地球化学特征[J].矿床地质,25(增刊):419~422.

芮宗瑶,张洪涛.1984.三江斑岩铜(钼)矿研究现状[J].中国地质科学院矿床地质研究所所刊,1:28~39.

邵济安,臧绍先,牟保磊,李晓波,王冰.1994.造山带的伸展构造与软流圈隆起——以兴蒙造山带为例[J].科学通报,39(6):533~537.

邵济安.1986.内蒙古中部早古生代蛇绿岩及其在恢复地壳演化历史中的意义.见:中国北方板块构造论文集编委会,中国北方板块构造论文集(Ⅰ).北京:地质出版社,158~171.

邵济安.2009.深部作用在华北中生代陆内造山过程中的主导性—对断块构造力源机制的讨论[J].地质科学,44(4):1094~1104.

舒良树,孙岩.1995.江南中段花岗岩天然变形与显微构造模拟实验研究[J].中国科学,25(11):1226~1233.

孙德有,吴福元,高山,等.2005.吉林中晚三叠世和早侏罗世两期铝质 A 型花岗岩的厘定及对吉黑东部构造格局的制约[J].地学前缘,12(2):263~275.

孙德有,吴福元,李惠民,等.2000.小兴安岭西北部造山后 A 型花岗岩的时代及与索伦山 - 贺根山 - 扎赉特碰撞拼合带东延的关系[J].科学通报,45(20):2217~2222.

孙德有,吴福元,张艳斌,等.2004.西拉木伦河 - 长春 - 延吉板块缝合带的最后闭合时间—来自吉林大玉山花岗岩体的证据[J].吉林大学学报(地球科学版),34(2):174~181.

孙蒒,彭亚鸣.1985.火成岩石学[M].北京:地质出版社,23~24.

唐克东,张允平.1991.内蒙古缝合带的构造演化[M].北京:科学技术出版社,30~54.

王鸿祯,刘本培,李思田.1990.中国及邻区古生代生物古地理及全球古大陆再造[M].武汉:中国地质大学出版社,35~88.

王荃,刘雪亚,李锦轶.1991.中国华夏与安哥拉古陆间的板块构造[M].北京:北京大学出版社,122~134.

王勇生,朱光,刘国生,等.2004.糜棱岩化过程中细粒白云母多型与结晶度的演变——以郯庐断裂带南段为例[J].岩石学报,20(6):1485~1492.

王子进,许文良,裴福萍,等.2013.兴蒙造山带南缘东段中二叠世末—早三叠世镁铁质岩浆作用及其构造意义—来自锆石 U - Pb 年龄与地球化学的证据[J].地质通报,32(2):374~387.

魏菊英,苏琪.1988.辽宁八家子铅锌矿床围岩白云岩的氧碳同位素组成[J].北京大学学报,24(6):738~745.

瓮纪昌,张云政,黄超勇,李文智,崔蓓蕾,罗明伟.2010.栾川三道庄特大型钼钨矿床地质特征及矿床成因[J].地质与勘探,46(1):41~48.

吴福元,曹林.1999a.东北亚地区的若干重要基础地质理论问题[J].世界地质,18(2):1~13.

谢玉玲,唐燕文,等.2012.浙江安吉铅锌多金属矿区细粒花岗岩的岩石化学、年代学及成矿意义探讨[J].矿床地质,31(4):891~902.

谢玉玲,唐燕文,李应栩,李媛,刘保顺,邱立明,张欣欣,姜妍岑.2012.浙江安吉铅锌多金属矿床岩浆侵位序列与成矿控制[J].岩石学报,28(10):3334~3346.

谢玉玲,衣龙升,徐九华,等.2006.冈底斯斑岩铜矿带冲江铜矿含矿流体的形成和演化:来自流体包裹体的证据[J].岩石学报,22(4):1023~1030.

徐备,陈斌.1997.内蒙古北部华北板块与西伯利亚板块之间中古生代造山带的演化与约束[J].中国科学(D辑),27(3):227~232.

徐智,崔胜.2005.内蒙古自治区东乌珠穆沁旗阿尔哈达矿区Ⅰ号带7—39线铅锌矿详查报告[R].

许道学,李念占,童随友.2012.河南鱼池岭斑岩钼矿床岩浆演化、蚀变分布及矿化机制[J].黄金科学技术,20(4):128~134.

杨梅珍,曾键年,任爱琴,等.2011.河南省皇城山高硫化型浅成低温热液型银矿床识别特征及其找矿意义[J].地质与勘探,47(6):1059~1066.

杨永飞,李诺,杨艳.2009.河南省栾川南泥湖斑岩型钼钨矿床流体包裹体研究[J].岩石学报,25(10):2550~2562.

杨志明,谢玉玲,李光明,等.2005.西藏冈底斯斑岩铜矿带驱龙铜矿成矿流体特征及其演化[J].地质与勘探,41:21~26.

叶惠文,张兴洲,周裕文.1994.从蓝片岩及蛇绿岩特点看满洲里-绥芬河断面岩石圈结构与演化.中国-满洲里-绥芬河地学断面内岩石圈结构及其演化的地质研究[M].北京:地震出版社,73~83.

张德会,张文淮,许国建.2001.岩浆热液出溶和演化对斑岩成矿系统金属成矿的制约[J].地学前缘,8(3):193~202.

张家菁,梅玉萍,王登红,李华芹.2008.赣北香炉山白钨矿床的同位素年代学研究及其地质意义[J].地质学报,7:927~931.

张万益,聂凤军,刘妍,等.2007.内蒙古东乌旗阿尔哈达铅-锌-银矿床硫和铅同位素研究[J].吉林大学学报,37(5):868~888.

张万益.2008.内蒙古东乌珠穆沁旗岩浆活动与金属成矿作用[D].中国地质科学院.

张兴洲.1992.黑龙江岩系-古佳木斯地块加里东缝合带的证据[J].长春地质学院学报,22:94~101.

赵春荆,彭玉鲸,党增欣,等.1996.吉黑东部构造格架及地壳演化[M].沈阳:辽宁大学出版社,1~186.

赵一鸣,张德全,等.1997.大兴安岭及其邻区铜多金属矿床成矿规律及远景评价[M].北京:地震出版社.

郑榕芬.2006.河南省熊耳山沙沟银铅锌矿床地质特征、矿物组合及银的富集规律研究[D].北京:中国地质大学,48~50.

周涛发,范裕,袁峰,陆三明,尚世贵,David Cooke,Sebastien Meffre,赵国春.2008b.安徽庐枞(庐江-枞阳)盆地火山岩的年代学及其意义.中国科学(D辑):地球科学,38(11):1342-1352.

周翔,余心起,王德恩,等.2011.皖南东源含W、Mo花岗闪长斑岩及成矿年代学研究[J].现代地质,25(2):201~210.

周新民,徐夕生,王德滋.1993.中酸性岩浆岩中岩石包体研究的新进展[J].地球科学进展,8(4):54~58.

Middlemost E A K. 1994. Naming materials in the magma/igneous rock system. Earth-Science Reviews, 37(3-4):215~244.

Andersen T. 2002. Correction of common lead in U-Pb analyses that donot report 204Pb[J]. Chemical Geology, 192(1/2):59~79.

Baker J, Peate D, Waight T, et. al. 2004. Pbisotopic analysis of standards and samples using a Pb-207-Pb-204 double spike and thallium to correct for mass bias with a double-focousing MC-ICP-MS[J]. Chemical Geology, 211, 275~303.

Bea F, Monteor P and Molina J F. 1999. Mafic precursors, pearlmuinous granitoids, and late lamprophyres in the Avila batholith: A model for the generation of Variscan batholiths in Iberia. Geology, 107:399~419.

Becker S P, Fall A, Bodnar R J. 2008. Synthetic Fluid Inclusions: XVII. PVTX Properties of High Salinity $H_2O-NaCl$ Solutions (>30 wt% NaCl): Application to Fluid Inclusions that Homogenize by Halite Disappearance from Porphyry Copper and Other Hydrothermal Ore Deposits [J]. Economic Geology, 103(3):539~554.

Bodnar R J, Vityk M O. 1994b. Interpretation of microthermometric data for $H_2O-NaCl$ fluid inclusions. In fluid inclusions in minerals, methods and applications. Vivo B D and Frezzotti M L eds. Published by Virginia Tech, Blacksburg, VA, 117~130.

Bodnar R J. 1994a. Synthetic fluid inclusions: XII. Experimental determination of the liquidus and isochor for a 40 wt. % $H_2O-NaCl$ solution. Geochimica et Cosmochimica Acta, 58:1053~1063.

Burnham C W. 1979. Magmas and hydrothermal fluids. In Barnes, H. L., Ed., Geochemistry of Hydrothermal Ore Deposits, 2nd, New York, Wiley-Interscience, 71~136.

Chang L, Wu D Q and Knowles C R. 1988. Phase relations in the system $Ag_2S-Cu_2S-PbS-Bi_2S_3$[J]. Economic Geology, 83(2):405~418.

Chang Z S, Hedenquist J W, White N C, et. al. 2012. Exploration tools for linked porphyry and epithermal deposits: Example from the Mankayan intrusion-centered Cu-Au district, Luzon, Philippines[J]. Econ. Geol, 106:1365~1398.

Chappell B W and White A J R. 1974. Two contrasting granite types [J]. Pacific Geology, 8:173~174.

Chappell B W and White A J R. 1992. I and S-type granites in the Lachlan Fold Belt[J]. Transactions of the Royal Society of Edinburgh: Earth Sciences, 83(1-2):1~26.

Chappell B W. 1999. Aluminium saturation in I and S-type granites and the characterization of fractionated haplogranites[J]. Lithos, 46(3):535~551.

Chen B, Jahn B M, Wilde S, et. al. 2000. Two contrasting Paleozoic magmatic belts in northern Inner Mongolia, China: petrogenesis and tectonic implications[J]. Tectonophysics, 328: 157 ~ 182.

Chen B, Jahn B, Tian W. 2009. Evolution of the Solonker suture zone: Constraints from zircon U – Pb ages, Hf isotopic ratios and whole-rock Nd – Sr isotope compositions of subduction and collision – related magmas and forearc sediments[J]. Journal of Asian Earth Sciences, 34: 245 ~ 257.

Cline J and Bodnar R J. 1994. Direct evolution of brine from acrystalliz – ingsilicic melt at the Questa, New Mexico, molybdenumdeposit[J]. Econ. Geol. , 89: 1780 ~ 1802.

Duba D and Williams-Jones A E. 1983. The applieation of illite crystallinity, organic matter reflectance, and isotopic techniques to mineral exploration: a case study in southwestern Gaspe[J]. Quebec: Econ. Geol, 78: 1350 ~ 1363.

Guidotti C V, Sassi F P. 1976. Muscovite as a petrogenetic indicator in pelitic schists[J]. Neues. Jahrb. Min. Abhdl , 127: 97 ~ 142.

Guo S Z. 1991. Timing of convergence process of Sino – Korean plate and Siberian plate inferred from biostratigraphic evidences[J]. China – Japan Cooperative Group, Osaka, 113 ~ 125.

Hattori K H. and Keith J D. 2001. Contribution of mafic melt to porphyry copper mineralization: evidence from Mount Pinatubo, Philippines, and Bingham Canyon, Utah, USA[J]. Mineralium Deposita, 36: 799 ~ 806.

Hedenquist J W, MatsuhisaY, Izawa E, et al. 2000. Geology, geochemistry, and origin of high sulfidation Cu – Au mineralization in the Nansatsu district, Japan[J]. Economic Geology, 89: 1 ~ 30.

Hsu K J, Wang Q C, Li L, et al. 1991. Geological evolution of the Neimonides: a working hypothesis[J]. Eclogae Geol Helv, 84: 1 ~ 35.

Kusky T M, Windly B F, Zhai M G. 2007. Tectonic evolution of the North China Block: from orogeny to craton to orogeny. Mesozoic Sub-Continental lithospheric thinning under eastern Asia[J]. Geological society of London special publication, 280:1 ~ 34.

Lentz D R, Lutes G, Hartree R. 1988. Bi – Sn – Mo – W greisen mineralization associated with the True Hill granite, Southwestern New Brunswick[J]. Maritime Sediments and Altantic Geology, 24: 321 ~ 338.

Li J Y. 2006. Permian geodynamic setting of Northeast China and adjacent regions: closure of the Paleo-Asian Ocean and subduction of the Paleo-Pacific Plate[J]. Journal of Asian Earth Sciences, 26: 207 ~ 224.

Liégeois, J P, Navez J, Hertogen J and Black R. 1998. Contrasting origin of post – collisional high – K calc – alkaline and shoshonitic versus alkaline and peralkaline granitoids. Lithos, 45(1): 1 ~ 28.

Ma C, Li Z, Ehlers C, Yang K and Wang R. 1998. A post-collisional magmatic plumbing system: Mesozoic granitoid plutons from the Dabieshan high-pressure and ultrahigh-pressure metamorphic zone, east – central China. Lithos, 45(1): 431 ~ 456.

Mao Z H, Cheng Y B, Liu J J, et al. 2013. Geology and molybdenite Re – Os age of the Dahutang granite-related tangsten ore field of the Jiangxi Province, China. Ore Geologe Reviews, 53: 422 ~ 433.

McDonough W F and Sun S S. 1995. The composition of the Earth. Chemical geology, 120(3): 223 ~ 253.

Miao L C, Fan W M, Liu D Y, et al. 2008. Geochronology and geochemistry of the Hegenshan ophiolitic complex: Implications for late-stage tectonic evolution of the Inner Mongolia – Daxinganling Orogenic Belt, China[J]. Journal of Asian Earth Sciences, 32: 348 ~ 370.

Ohmoto H. 1972. Systematics of sulfur and carbon isotopes in hydrothermal ore deposits [J]. Econ Geol, 67: 551 ~ 579.

Roedder E. 1984. Fluid inclusions, reviews in mineralogy[J]. Mineralogical Society of America, 644.

Rollison R. 1993. Using Geochemical Data: Evaluation, Presentation, Interpretation. London: Longman Group UK Ltd, published in US with John Wiley & Sons, Inc.

Rusk B G, Reed M H, Dilles J H. 2008. Fluid Inclusion Evidence for Magmatic-Hydrothermal Fluid Evolution in the Porphyry Copper-Molybdenum Deposit at Butte, Montana[J]. Economic Geology, 103(2): 307 ~ 334.

Ruzhentsev S V. 2001. The Indo-Sinides of Inner Mongolia, in tectonics, magmatism and metallogeny of Mongolia[M]. Edited by A. B. DERGUNOV, Routledge, London, 129 ~ 141.

Sassi F P, Scolai A. 1974. The b0 value of the porassie white micas as barometric indicator in low – grade metamorphism of pelitic schists[J]. Contr. Min. Petrol, 45: 148 ~ 152.

Sengör A M C, Burtman V S. 1993. Evolution of the Altaid tectonic collage and Palaeozoic crustal growth in Eurasia[J]. Nature, 364:299 ~ 307.

Shen S Z, Zhang H, Shang Q H, et al. 2006. Permian stratigraphy and correlation of Northeast China: A review[J]. Journal of Asian Earth Sciences, 26: 304 ~ 326.

Sylvester P J. 1998. Post-collisional strongly peraluminous granites. Lithos, 45: 29 ~ 44.

Tang K D. 1990. Tectonic development of Palaeozoic fold belts at the north margin of the Sino-Koreancraton[J]. Tectonics, 9: 249 ~ 260.

Valley J W, Tayor H P O, Neil J R. 1986. Stable isotopes and high temperature geological processes [J]. Rewiews in Mineralogy, 16: 570.

Vanko D A, Bonnin-Mosbah M, Philippot P, et al. 2001. Fluid inclusions in quartz from oceanic hydrothermal specimens and the Bingham, Utah porphyry-Cu deposit: a study with PIXE and SXRF[J]. Chemical Geology, 173(1 – 3): 227 ~ 238.

Waight T E, Weaver S D and Muir R J. 1998. Mid-Cretaceous granitic magmatism during the transition from subduction to extension in southern New Zealand: a chemical and tectonic synhtesis. Lihtos, 45: 469 ~ 482.

Wang F, Xu W L, Meng E, et al. 2012. Early Paleozoic Amalgamation of the Songnen – Zhangguangcai Range and Jiamusi massifs in the eastern segment of the Central Asian Orogenic Belt: Geochronological and geochemical evidence from granitoids and rhyolites[J]. Journal of Asian Earth Sciences, 49: 234 ~ 248.

Weaver C E, Broekstra B R. 1994. Shate metamorphism in southern Appa – lachians[J]. Amsterdam Elsevier, 67 ~ 199.

Whalen J B, Currie K L and Chappell B W. 1987 A-type granites: geochemical characteristics, discrimination and petrogenesis[J]. Contrib Mineral Petrol, 95: 407 ~ 419.

Williams-Jones, Anthony E. 1986. Low-temperature metamorphism of the rock surrounding Les Ming Gaspe[J]. Quebec: implications for mineral exploration: Econ. Geol, 81.

Windley B F, Alexelev D, Xiao W J, et al. 2007. Tectonic models for accretion of the Central Asian Orogenic Belt[J]. Journal of the Geological Society, London, 164: 31 ~ 47.

Wu F Y, Yang J H, Lo C H, et al. 2007a. Jiamusi Massif in China: a Jurassic accretionary terrane in the western Pacific[J]. Island Are, 16: 156 ~ 172.

Wu F Y, Yang J H, Wilde S A , et al. 2005. Geochronology, petrogenesis and tectonic implications of the Jurassic granites in the Liaodong Peninsula, NE China[J]. Chemical Geology, 221: 127 ~ 156.

Wu F Y, Zhao G C, Sun D Y, et al. 2007b. The Hulan Group: its role in the evolution of the Central Asian Orogenic Belt of NE China[J]. Journal of Asian Earth Sciences, 30: 542 ~ 556.

Wu Fu Yuan, Sun De You, Li Hui Ming, et al. 2002. A-type granites in northeastern China: age and geochemical constraints on their petrogenesis[J]. Chemical Geology, 187: 143 ~ 173.

Xiao W J, Windley B F, Huang B C, et al. 2009. End-Permian to mid-Triassic termination of the accretionary processes of the southern Altaids: implications for the geodynamic evolution, Phanerozoic continental growth, and metallogeny of Central Asia[J]. Int J Earth Sci (Geol Rundsch), 98: 1189 ~ 1217.

Yuan H L, Gao S, Dai M N, et al. 2008. Simultaneous determinationsof U – Pb age, Hf isotopes and trace element compositions of zirconby excimer laser-ablation quadrupole and multiple – collector ICP – MS[J]. Chemical Geology, 247(1/2):100 ~ 118.

Zhang Y P, Tang K D. 1989. Pre-Jurassic tectonic evolution of intercontinental region and the suture zone between the North China and Siberian platforms[J]. Journal of Southeast Asian Earth Sciences, (3): 47 ~ 55.